普通高等教育“十二五”规划教材

微生物学实验教程系列

# 原核生物进化与系统分类学实验教程


隋新华　主　编

陈文新　主　审



科学出版社

北　京

## 内 容 简 介

本书由中国农业大学组织相关高校编写而成，介绍了目前原核生物（细菌和古菌）多相分类研究技术和方法，既有表型鉴定技术，又有遗传学鉴定技术和方法。其主要包括了不同类型细菌的分离，常规生理生化特征的鉴定方法，细菌脂肪酸分离和鉴定，细菌极性脂分离和鉴定，细菌 Biolog 法鉴定，细菌 DNA 的提取、PCR 扩增和测序，16S rDNA 和持家基因序列分析用于细菌分类、鉴定及系统发育树的构建等技术和方法。在附录中介绍了最新的原核生物高级分类单元、国内主要菌种保藏和鉴定机构、《伯杰氏系统细菌学手册》和细菌鉴定主要参考书等。

本书可供高等院校理、工、农、医专业本科生、研究生使用，也可作为微生物学、微生物生态学、微生物进化和系统发育学及相关领域研究人员的参考书。

**图书在版编目（CIP）数据**

原核生物进化与系统分类学实验教程 / 隋新华主编. —北京：科学出版社，2015.1

普通高等教育“十二五”规划教材・微生物学实验教程系列

ISBN 978-7-03-042292-7

Ⅰ. ①原… Ⅱ. ①隋… Ⅲ. ①原核生物–进化–实验–高等学校–教材 ②原核生物–系统分类–实验–高等学校–教材 Ⅳ. ①Q939-33

中国版本图书馆 CIP 数据核字（2014）第 248649 号

责任编辑：刘 畅 丛 楠 / 责任校对：鲁 素

责任印制：徐晓晨 / 封面设计：迷底书装

科 学 出 版 社 出版

北京东黄城根北街 16 号

邮政编码：100717

http://www.sciencep.com

北京京华虎彩印刷有限公司 印刷

科学出版社发行 各地新华书店经销

*

2015 年 1 月第 一 版 开本：720 × 1000 1/16

2016 年 1 月第二次印刷 印张：8 3/4 插页：2

字数：176 000

**定价：25.00 元**

（如有印装质量问题，我社负责调换）

# 微生物学实验教程系列编委会

# 《原核生物进化与系统分类学实验教程》
# 编委会


主　　编　隋新华　中国农业大学

主　　审　陈文新　中国农业大学

编委名单　（按作者姓氏汉语拼音排序）

陈　强　四川农业大学

黄海东　天津农学院

林雁冰　西北农林科技大学

隋新华　中国农业大学

# 总　　序

中国农业大学生物学院微生物学科创建于1958年，由原北京农业大学植保系和土化系的微生物学教研组合并组建而成，是我国高等院校第一个农业微生物学专业。1981年被国务院学位委员会列为第一批博士点，1993年被评为农业部重点学科，2001年被评为国家级重点学科。

本学科特色是研究、挖掘和利用丰富的微生物资源，为农业生产服务。研究方向包括根瘤菌资源调查和系统发育学、固氮酶的生化机制及遗传调控、真菌生理及遗传学、药用及食用真菌学、微生物发酵工程、土壤和环境微生物学，并在此基础上，加强了微生物分子遗传，增加了病毒学、免疫学和生物质能源等研究方向。1985年，原在植保系的微生物专业参与了中国农业大学生物学院的组建，建立了微生物系，于2003年更名为"微生物及免疫学系"。目前本系开设的本科生课程包括：微生物生物学，原核生物进化与系统分类学，真菌生物学，微生物生理学，微生物遗传学，微生物发酵工程，食用菌学，资源与环境微生物学，病毒学及免疫学，每门课程均有理论课和实验课。

本系俞大绂教授等老一代学者及多位已经退休的老师们在微生物学教学思想、课程设置及团队建设等方面，为学科发展做出了巨大的贡献，也为后人的工作奠定了良好的基础。在教学中突出的特色是理论课程与实验课程的紧密结合，特别是对于本专业入门的实验课程，积极推进将"死标本"的观察转变为学生自行分离和观察活体标本，使学生们从被动地接受知识转变为主动地参与学习，有利于促进学生们掌握实验技能，并锻炼思考和分析能力。这种教学理念和模式一直沿用至今。目前本系担任教学工作的是一支中、青年教师结合的队伍，他们责任心强、思想活跃、虚心进取，不断进行教学改革，积极探讨在新的形势下，如何正确解决"基础与创新"、"理论与实践"、"教学与科研"的关系，认真履行着教师的职责。

本套实验教程的基本资料均来自教师们多年的积累。本系历来坚持教学与科研并重的原则，在多年的发展过程中，逐步规划将教师的科研方向与所承担的课程内容紧密相关，保证教学内容中基础知识与前沿知识相结合，很多实验设计出自任课教师的科研积累。大家齐心协力，勇于创新，不断更新实验教学内容，使各门实验课程的教学工作一直受到学生的好评。

本系承担的9门本科生微生物学实验课程一直没有编写正式出版的教材。最近，在大家的努力和领导的支持下，各位主编在近年完成实验课教学大纲修订的前提下，汇集了来自其他兄弟院校教师们的智慧，终于完成9本实验教程的编写，这是大家共同努力的结果。

衷心感谢南开大学邢来君教授、山东大学陈冠军教授、山西大学赵良启教授欣然接受我们的邀请，不仅为本套教材的审稿付出辛勤劳动，同时作为本套实验教程编委会成员，为保证教材的质量献计献策。感谢中国农业大学生物学院领导的支持和“教育部高等学校专业综合改革试点”项目的资助，感谢来自兄弟院校全体参编教师们的认真合作。感谢科学出版社编辑为出版本套教材所付出的努力。希望这套实验教程的出版，为本学科和相关学科读者的学习和工作带来有益的参考，也希望广大读者提出批评和建议，以便我们今后做出修改。

李季伦

2014年1月

# 前　言

地球已有 46 亿年的历史，原核生物（细菌和古菌）作为最古老的生物，在地球上生存已有 40 亿年左右，最早的单细胞真核生物起源仅 20 亿年左右，从地球环境的变化和生物多样性进化历史可知，原核生物起到最重要的、不可估量的作用。细菌分类研究始于列文虎克发现微生物，经历了重要的 3 段发展时期——细菌的观察时期、细菌的生理生化特征鉴定时期和分子生物学技术鉴定时期，每个阶段的发展都依赖于细菌分类研究技术的进步。细菌个体微小，形态简单，单纯依赖细胞形态不可能区别庞大的细菌种群，因此细菌的分类和鉴定与分类鉴定的技术发展息息相关。随着分子生物学技术和基因组测序技术的发展和渗透，细菌分类方法得以迅速发展，多相分类方法成为细菌分类的必需方法，遗传学分类方法使得细菌分类更加简便、快捷、有效，而表型分类方法提供了种群描述特征，双方互为补充，缺一不可。

随着分类技术的迅速发展，细菌分类系统也发生了巨大变化。最新的系统分类学研究从生物进化的角度将细胞生物分为 3 个域：细菌域、古菌域和真核生物域，其中原核生物细菌和古菌占有两个域，这显示出当前的生物分类系统更贴近自然的进化历史。目前，细菌的分类研究与其进化、生态和生物地理学研究已经密切结合在一起，细菌分类研究不仅是微生物学各个学科的基础，也成长为一门独立学科。细菌进化和系统分类学实验技术也是一门实用的技术，广泛用于医学、食品和植物病原菌的快速鉴定。

本书由中国农业大学组织，与其他 3 所高等院校教师合作，根据当前教学实际需要，汇集了参编教师多年教学积累的素材编写而成。本书的图例有些由本课程教师和学生拍摄，其他引用的图例，都在文中进行了说明。本书实验一～实验六、实验二十、实验二十一由林雁冰博士编写，实验七～实验十二、实验二十五和实验二十六由陈强博士编写，实验十三～实验十八、实验二十七由黄海东博士编写，实验十九、实验二十二～实验二十四、附录由隋新华博士整理和编写。全书由隋新华博士统筹编排，陈文新院士主审。

本书的撰写得到了中国农业大学生物学院“教育部高等学校专业综合改革试点”项目的资助；衷心感谢陈文峰博士，研究生张羽竞、李友华和姚尧对基因序列系统发育树构建的软件使用方法和细菌脂肪酸测定方法的归纳、整理并提供了实验素材。

我们希望把教学中用到的分类技术和方法提供给指导教师和学生，然而限于编者的水平，不足之处在所难免，望广大读者提出批评和建议，以便本书再版时做出修订。

编　者

2014 年 7 月

# 目　　录

# 第一章　细菌表型及生理特征鉴定方法

## 实验一　大肠杆菌的分离纯化

### 一、实验目的

1. 了解从人粪便污染的水体中分离纯化大肠杆菌的原理。
2. 掌握大肠杆菌分离纯化的基本操作技术和方法。

### 二、实验原理

自然条件下，微生物常常成群落存在，这种群落往往是不同种类微生物的混合体。为了研究某种微生物的特性，或者要大量培养和使用某一种微生物，必须从这些混杂的微生物群中获得纯培养，即从自然界或混有杂菌的培养体中把所需的微生物提纯出来。这种获得纯培养的方法称为微生物的分离与纯化。分离微生物时，一般是根据微生物对营养、pH、氧气等要求不同，而供给所要分离的微生物适宜的生活条件，或者加入某种抑制剂造成只利于此微生物生长，不利于其他微生物生长的环境，从而淘汰不需要的微生物。分离微生物常用的方法有稀释平板法和划线分离法，根据不同的材料可以采用不同的方法，其最终目的是要在培养基上出现欲分离微生物的单个菌落，必要时再对单菌落进一步纯化。

大肠杆菌是人和许多动物肠道中最主要且数量最多的一种细菌，粪便和阴沟污水等往往是各种肠道细菌尤其是大肠杆菌的栖息地，故常能从其中分离到大肠杆菌。大肠杆菌周身鞭毛，能运动，无芽孢，有些菌株有多糖类包膜，革兰氏阴性杆菌，能发酵乳糖、葡萄糖、麦芽糖、甘露醇、木胶糖、阿拉伯胶等产酸产气。当大肠杆菌分解乳糖产酸时，细菌带正电荷被染成红色，再与亚甲蓝结合形成紫黑色菌落，并带有绿色金属光泽；而产气杆菌则形成棕色的大菌落。在碱性环境中不分解乳糖产酸的细菌不着色，伊红和亚甲蓝不能结合，故沙门氏菌等为无色或琥珀色半透明菌落。由于伊红和亚甲蓝抑制绝大部分革兰氏阳性菌的生长，金黄色葡萄球菌在此培养基上不生长。

### 三、实验材料

#### 1. 培养基

1）乳糖蛋白胨培养液：蛋白胨 10.0 g，牛肉膏 3.0 g，乳糖 5.0 g，NaCl 5.0 g，

1.6%溴甲酚紫乙醇溶液 1 mL，蒸馏水 1000 mL。调 pH 至 7.2，分装于置有玻璃小倒管的试管中，每管 10 mL，115℃灭菌 20 min。

2）伊红亚甲蓝琼脂培养基：半乳糖 10.0 g，胰蛋白胨 5.0 g，NaCl 5.0 g，$K_2HPO_4$ 2.0 g，伊红 Y 0.4～0.6 g，亚甲蓝 0.065～0.1 g，琼脂 18～20 g，蒸馏水 1000 mL。pH 自然或 7.2，115℃灭菌 20 min。

**2. 器材**

载玻片，灭菌带玻璃塞空三角瓶，灭菌吸管，灭菌试管，培养皿，接种环，玻璃刮铲等。

## 四、实验步骤

### （一）水样的采集

1）自来水：将自来水龙头用火焰烧灼 3 min 灭菌，再拧开水龙头流水 5 min，以排除管道内积存的死水，随后用已灭菌的三角瓶接取水样，以供检测。

2）粪便污染的水体：将无菌的带塞三角瓶瓶口浸入水面下 10～15 cm 处，然后翻转过来，拔去塞子，水即流入瓶中，取完水样后，将瓶塞塞好（采样瓶内水面与瓶塞底部间留些空隙，以便在测定时充分摇匀水样）。

### （二）初发酵实验

在 2 个各装有 50 mL 灭菌的 2 倍浓缩乳糖蛋白胨培养液的 250 mL 的三角瓶中（内有玻璃小倒管）加入 100 mL 水样，在 10 支装有 5 mL 3 倍浓缩乳糖蛋白胨培养液发酵管中（内有玻璃小倒管，图 1-1）加入 10 mL 水样，混匀后 37℃培养 48 h。

A　　B　　C

图 1-1　发酵反应（见图版）

A 管中显示产酸（黄色）产气（阳性）；B 管中不产酸不产气（阴性）；C 管中生成的酸少于 A 管（阳性）

### （三）平板分离

将经 24 h 培养后产酸产气的发酵管，分别划线接种于伊红亚甲蓝琼脂培养基平板上（图 1-2），再于 37℃培养 18～24 h（图 1-3），将符合下列特征的菌落进行革兰氏染色镜检。

1）菌落深紫色，有金属光泽。
2）菌落深紫色，无金属光泽。
3）菌落淡紫红色，中心颜色较深。

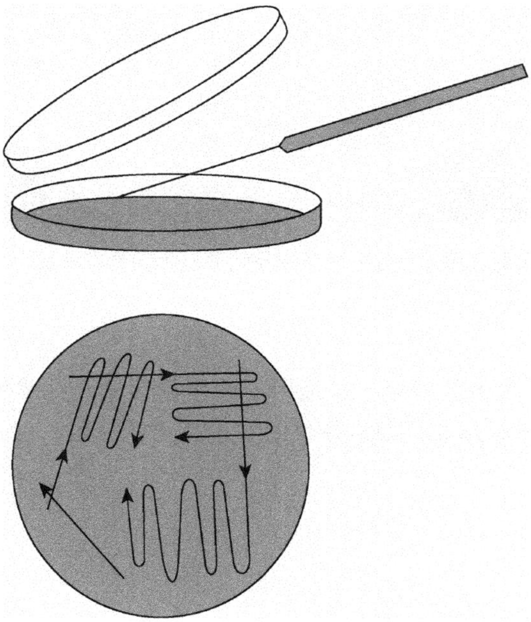

图 1-2　划线接种

### （四）发酵验证实验

经涂片、革兰氏染色、镜检，如为革兰氏阴性无芽孢杆菌，则挑取该菌落的另一部分，重新接种于装有普通浓度的乳糖蛋白胨培养液的发酵管中，每管可接种来自同一初发酵管同类型菌落，37℃培养 24 h，结果产酸又产气，即证实有大肠菌群存在。

### （五）划线法培养纯化大肠杆菌

用灭菌接种环取上述分离的菌落一环，在伊红亚甲蓝琼脂培养基上轻轻划线，注意不要将平板表面划破。培养皿倒置于 37℃温箱中培养 24 h，菌落长出后，观察菌落，并镜检菌体，一般一个单独的菌落可视为一个细胞发育而来，是纯培养。如未得纯培养，可进行再次分离培养，直到纯化为止。纯化后的菌株进行 16S rRNA 检测，确定菌株种属。

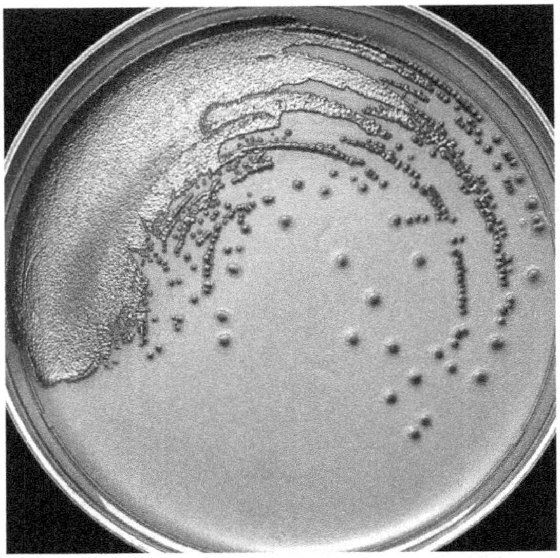

图 1-3　大肠杆菌在伊红亚甲蓝琼脂培养基上的形态特征（见图版）

（六）保藏

将纯培养移到斜面培养基上，必须用灭菌接种环蘸取纯菌落少许，在斜面上划线。置 37℃温箱中培养 24 h 后即可得供研究观察用的纯菌。试管应贴上标签，注明菌号及接种日期。

## 五、实验结果

1. 描述初发酵及发酵验证实验后的产酸产气反应及镜检结果。
2. 描述纯培养后的菌落形态及 16 S rRNA 鉴定结果。

## 六、思考题

1. 为什么要把培养皿倒置培养？
2. 进行发酵验证实验的目的是什么？

## 七、参考文献

程丽娟，薛泉宏. 2012. 微生物学实验技术. 2 版. 北京：科学出版社：162-163
Prescott LM，Harley JP，Klein DA. 2003. 微生物学. 5 版. 沈萍，彭珍荣译.北京：高等教育出版社
http: //bbs.foodmate.net/thread-60498-1-1.html[2014-4-3]

# 实验二　枯草芽孢杆菌的分离纯化

## 一、实验目的

1. 了解枯草芽孢杆菌的分离原理，认识其形态特征。
2. 掌握枯草芽孢杆菌的分离、鉴定方法和技术。

## 二、实验原理

枯草芽孢杆菌（*Bacillus subtilis*）是芽孢杆菌属的一种，其细胞内含有丰富的酶系，是淀粉酶、蛋白酶及枯草杆菌素的重要产生菌，因此它是重要的工业用菌之一。其单个细胞（0.7～0.8）μm×（2～3）μm，着色均匀，无荚膜，周生鞭毛，能运动。革兰氏阳性菌，芽孢（0.6～0.9）μm×（1.0～1.5）μm，椭圆到柱状，位于菌体中央或稍偏，芽孢形成后菌体不膨大。菌落表面粗糙不透明，污白色或微黄色，在液体培养基中生长时，常形成皱膜。可利用蛋白质、多种糖及淀粉，分解色氨酸形成吲哚。

芽孢菌生长到一定的阶段在细胞内形成一个对不良环境具较强抗性的休眠体，即芽孢。芽孢在沸水中加热不会失去生理活性，但是不能产生芽孢的细菌会失去活性，经过进一步的分离及生理生化鉴定即可得到枯草芽孢杆菌。

## 三、实验材料

### 1. 分离源

花坛肥沃土壤。

### 2. 培养基

牛肉膏蛋白胨固体培养基：牛肉膏 3.0 g，蛋白胨 10.0 g，NaCl 5.0 g，琼脂 20 g，自来水 1000 mL，调 pH 至 7.2～7.4，121℃灭菌 30 min。

### 3. 器材

显微镜，培养皿，试管，三角瓶，烧杯，移液管，涂布棒，载玻片，接种环，接种针，试管架，灭菌锅，培养箱。

### 4. 试剂

孔雀绿染液，番红复染液等。

## 四、实验步骤

### （一）土样的采集

取花坛土壤表层 5 cm 下的肥土 100 g 左右，把采得的土壤放入纸袋带回实验室分离。

（二）平板的制备

将配制灭菌好的牛肉膏蛋白胨培养基以每个培养皿 20～25 mL 倒 10 个平板。

（三）稀释分离法

称取肥土 5 g 放入含有 45 mL 水的三角瓶中，摇动 5 min，然后将此瓶在 80～90℃水浴加热 10～15 min，静置 30 s，吸取上层悬浮液 0.5 mL 加入到含有 4.5 mL 无菌水的试管中，制成 1∶10 浓度的土壤悬液，依次稀释可得一系列的相差 10 倍的土壤稀释液。然后分别吸取 $10^{-2}$、$10^{-3}$ 和 $10^{-4}$ 的土壤悬液各 0.1 mL 滴加到上述牛肉膏蛋白胨培养基平板上（每个稀释度 3 皿），用涂布棒均匀涂布，并将培养基倒置于 37℃恒温培养 24～48 h。

（四）纯化

从上述分离的平板上分别挑取典型孤立菌落在牛肉膏蛋白胨培养基上划线纯化，对菌落特征观察和镜检[菌体染色（孔雀绿初染，番红复染），芽孢为绿色，菌体为红色]（菌体应呈杆状，宽度一致；菌落颜色、形状、质地、透明度等均一致）（图 2-1），确定是芽孢杆菌属纯种后，移接到牛肉膏蛋白胨斜面上，于 37℃条件下培养。

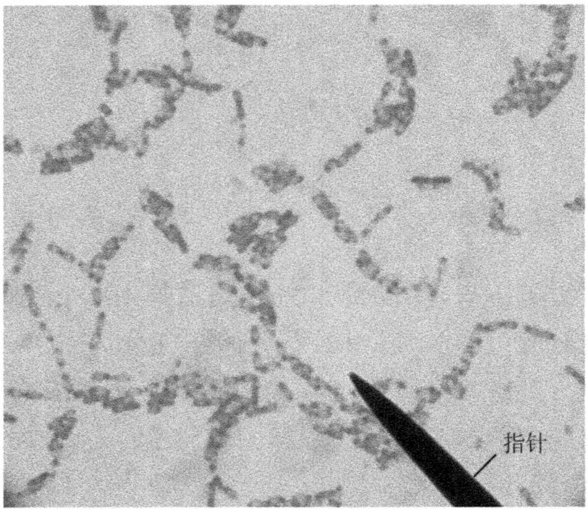


图 2-1　芽孢杆菌简单染色图（见图版）

（五）生理生化鉴定

以大肠杆菌为参照，按照生理生化鉴定方法进行淀粉水解、甲基红（M.R.）和乙酰甲基甲醇（V.P.）实验、吲哚实验及 16 S rRNA 基因序列分析等实验进一步鉴定，以确认菌种。

## 五、实验结果

1. 描述并绘制镜检细胞形态图及芽孢位置。
2. 报告生理生化鉴定结果，并判断菌种。

## 六、思考题

1. 分离枯草芽孢杆菌时热处理的原因是什么？
2. 枯草杆菌的工业用途有哪些？

## 七、参考文献

杜连祥，路福平. 2008. 微生物学实验技术. 北京：中国轻工业出版社：38
Prescott LM，Harley JP，Klein DA. 2003. 微生物学. 5 版. 沈萍，彭珍荣译.北京：高等教育出版社

# 实验三　细菌细胞氧化酶实验

## 一、实验目的

1. 了解氧化酶实验的用途及原理。
2. 学习氧化酶实验的操作方法。

## 二、实验原理

氧化酶又名细胞色素氧化酶、细胞色素氧化酶 c 或呼吸酶，是细胞色素呼吸酶系统的最终呼吸酶。实验用于检测细菌中是否有氧化酶存在，氧化酶的测定是鉴别菌种的依据之一。其原理是具有氧化酶的细菌，氧化酶在有分子氧存在时，可氧化对氨基二甲基苯胺，使之呈玫瑰红到暗紫红色，或者用盐酸对氨基二甲基苯胺和 α-萘酚参与反应，出现蓝色反应。该实验主要用于肠杆菌科细菌与假单胞菌的鉴别，前者为阴性，后者为阳性。奈瑟菌属、莫拉菌属细菌也呈阳性反应。

## 三、实验材料

### 1. 菌株

铜绿假单胞菌（*Pseudomonas aeruginosa*），大肠杆菌（*Escherichia coli*）。

### 2. 培养基

牛肉膏蛋白胨固体培养基。

**3. 试剂**

1%盐酸四甲基苯二胺水溶液，或者1%盐酸对氨基二甲基苯胺水溶液，配制后盛于棕色瓶中，置冰箱中可保存两周，若冰冻保存可用4～6周（如颜色转红褐色，则不宜使用）。

1% α-萘酚乙醇（95%）溶液。

**4. 器材**

干净平皿，滤纸，酒精棉球，酒精灯，干净竹签或白金丝接种环。

## 四、实验步骤

### （一）菌种的活化

接种铜绿假单胞菌和大肠杆菌于牛肉膏蛋白胨固体斜面培养基上，在28℃条件下培养24 h，同法连续移接3代后备用。

### （二）细菌细胞氧化酶测定

1）滤纸法：在干净培养皿中放一张滤纸，滴上1%盐酸对氨基二甲基苯胺水溶液（仅使滤纸湿润即可，不可过湿）。用白金丝接种环或灭菌的干净竹签（不可用镍铬丝）取18～24 h的菌苔，涂抹在湿润的滤纸上，10 s内呈现粉红色为阳性，10～60 s显色为延迟反应，60 s后现红色者不计，按阴性处理；或者滴上1%盐酸对氨基二甲基苯胺水溶液湿润滤纸后，再滴加等量的α-萘酚乙醇溶液，然后再涂抹菌苔，出现蓝色者为阳性，出现变色时间要求同上。记录实验结果。

2）菌落法：在固体培养基上培养细菌至单菌落长出，将1%盐酸对氨基二甲基苯胺水溶液直接滴在被检菌的菌落上，颜色反应要求同上，并记录实验结果。

3）试剂纸片法：将质地较好的滤纸用1%盐酸对氨基二甲基苯胺水溶液浸湿，在室内悬挂风干。风干后，剪成适当大小的纸条，放在有橡皮塞的试管中密封保存。使用方法同上，用白金丝接种环将菌苔抹在纸条上，于10 s内出现玫瑰红色然后到深紫色者为氧化酶阳性（注意：如纸条储存过久，颜色过深，显色不明显，则不宜使用）。

## 五、实验结果

将实验测定结果记录在表3-1中。

**表3-1 细菌细胞氧化酶反应结果**

| | 铜绿假单胞菌 | 大肠杆菌 | 空白对照 |
|---|---|---|---|
| 菌落法 | | | |
| 滤纸法 | | | |
| 试剂纸片法 | | | |

## 六、思考题

具有氧化酶活性的微生物在什么情况下产生什么颜色反应?

## 七、参考文献

东秀珠，蔡妙英. 2001. 常见细菌系统鉴定手册. 北京：科学出版社：370
杜连祥，路福平. 2008. 微生物学实验技术. 北京：中国轻工业出版社：160-161

# 实验四　细菌过氧化氢酶实验

## 一、实验目的

1. 了解过氧化氢酶实验的用途和原理。
2. 掌握细菌过氧化氢酶的测定方法。

## 二、实验原理

在以需氧脱氢酶催化的氧化体系中，氧原子接收电子后，即与溶液中氢离子结合，生成过氧化氢（$H_2O_2$），此物对微生物有毒性。有的细菌具有过氧化氢酶，可将其分解成水和氧，但有的细菌不具有此酶。过氧化氢酶也称接触酶，能促进过氧化氢分解成水和氧，因此，能用肉眼很容易观测到产生的气泡。另外，产生过氧化氢酶的细菌可使 $H_2O_2$ 分解完全，当加入钼酸铵时不能与 $H_2O_2$ 形成黄色复合物；不产生过氧化氢酶的细菌则不分解 $H_2O_2$，当加入钼酸铵后，二者相互作用生成稳定的黄色复合物。这项测定主要用于把乳酸菌和许多厌氧菌与其他细菌区分开，乳酸菌和许多厌氧菌的过氧化氢酶是阴性。

## 三、实验材料

**1. 菌株**

培养 18～24 h 的乳酸杆菌（*Lactobacillus rhamnosus*），大肠杆菌（*Escherichia coli*），金黄色葡萄球菌（*Staphylococcus aureus*）。

**2. 培养基**

1）牛肉膏蛋白胨固体培养基。

2）豆芽汁蔗糖培养基：豆芽汁* 1000 mL，蔗糖 20 g，琼脂 20 g，pH7.2。

*豆芽汁制备方法：称黄豆芽 100 g，加水煮沸 30 min，用两层纱布过滤，取汁液补足至 1000 mL，即得。

**3. 试剂**

3%过氧化氢（有腐蚀性），12.136 mmol / L 钼酸铵，分别保存于玻璃试剂瓶中。

**4. 器材**

试管，试管架，接种环，培养箱，载玻片等。

## 四、实验步骤

### （一）菌种的活化

将乳酸杆菌接种于豆芽汁蔗糖斜面培养基上，在 28℃条件下培养 48 h。将大肠杆菌和金黄色葡萄球菌接种于牛肉膏蛋白胨固体斜面培养基上，于 28℃条件下培养 24 h，备用。

### （二）细菌过氧化氢酶测定

1）方法一：取一环培养 18～24 h 的菌苔涂于干净的载玻片上，然后滴上一滴 3%过氧化氢，若 5 min 内出现气泡者（氧气），则为接触酶阳性反应，无气泡为阴性反应。也可将过氧化氢直接加到斜面上，观察气泡的产生。以不接菌的培养基为空白对照。

2）方法二：取一环培养 18～24 h 的菌苔加入已经装有 0.2 mL 0.3%过氧化氧的试管，对照管不接菌，25℃放置 5 min 后加入 0.2 mL 钼酸铵。呈现无色为阳性反应，呈现黄色为阴性反应。

注意：①测定菌所生长的培养基不可有血红素或红细胞。在这种培养基上生长的菌易产生假阳性。②测定乳酸菌时，应使用至少含有 1%糖的培养基培养菌株。乳酸菌在无糖或少糖培养基上生长时，可能产生一种称为“假过氧化氢酶”的非血红素的过氧化氢酶。

## 五、实验结果

将实验结果记录在表 4-1 中。

**表 4-1　细菌过氧化氢酶反应结果**

| | 乳酸杆菌 | 大肠杆菌 | 金黄色葡萄球菌 | 空白对照 |
|---|---|---|---|---|
| 方法一 | | | | |
| 方法二 | | | | |

注：“+”表示阳性；“−”表示阴性

## 六、思考题

1. 菌落被滴加过氧化氢后呈什么现象?说明什么问题?
2. 厌氧菌需要过氧化氢酶吗？给出理由。
3. 过化氢酶实验可以区分哪两类细菌?

## 七、参考文献

哈雷 J P. 2012. 图解微生物实验指南. 谢建平译. 北京：科学出版社：116-118

# 实验五　甲基红和乙酰甲基甲醇实验

## 一、实验目的

学习甲基红（M.R.）和乙酰甲基甲醇（V.P.）的实验方法，了解实验的反应原理及用途。

## 二、实验原理

甲基红（methyl red）实验是用来检测由葡萄糖产生的有机酸。某些细菌在糖代谢过程中分解葡萄糖产生丙酮酸，后者进而被分解，产生甲酸、乙酸和乳酸等，使培养液中的 pH 降至 4.2 以下，因此，在培养液加入甲基红指示剂就会变色，甲基红指示剂变色情况为 pH4.4～6.3，由红变黄，中间色为橙色。

V.P.（Voges-Proskauer）实验是用来测定某些细菌利用葡萄糖产生非酸性或中性末端产物的能力，如丙酮酸。丙酮酸经缩合、脱羧后生成乙酰甲基甲醇，或者与乙酸化合物生成乙酰甲基甲醇。乙酰甲基甲醇在碱性条件下被空气中的氧气氧化成二乙酰，二乙酰与培养基中含有胍基的化合物（如精氨酸中的胍基）起作用生成红色化合物，即 V.P.实验阳性。不生成红色化合物者为阴性反应。如果培养基中胍基太少时，可加少量肌酸或肌酸酐等含胍基化合物，使反应更明显。其反应式如下。

$$\underset{\text{丙酮酸}}{2CH_3COCOOH} \longrightarrow \underset{\text{乙酰甲基甲醇}}{CH_3COCHOHCH_3} + 2CO_2$$

$$CH_3COCHOHCH_3 \xrightarrow[KOH]{-2H} \underset{\text{二乙酰}}{CH_3COCOCH_3}$$

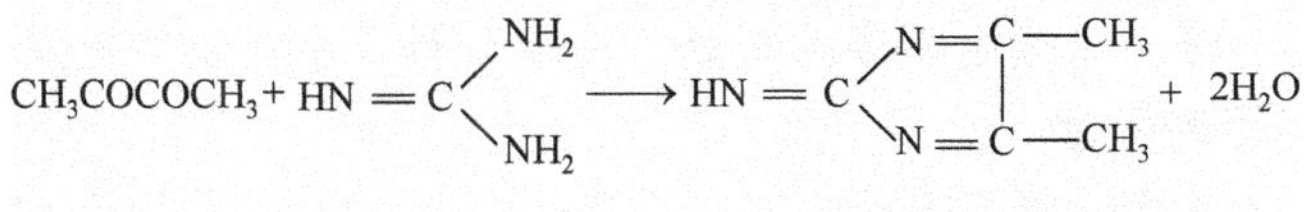

胍　　　　2-亚胺-4,5-二甲基咪唑
(红色化合物)

## 三、实验材料

**1. 菌种**

大肠杆菌（*Escherichia coli*），枯草芽孢杆菌（*Bacillus subtilis*）。

**2. 培养基**

1）牛肉膏蛋白胨固体培养基。

2）葡萄糖蛋白胨液体培养基：蛋白胨 5.0 g，葡萄糖 5.0 g，$K_2HPO_4$ 5.0 g，蒸馏水 1000 mL，调节 pH 至 7.0～7.2。每管 4～5 mL，115℃灭菌 20 min。

**3. 试剂**

1）甲基红指示剂：0.1 g 甲基红溶于 300 mL 95%乙醇中，再加入蒸馏水 200 mL。

2）5% α-萘酚乙醇溶液：α-萘酚 5.0 g，无水乙醇 100 mL，为甲液。

3）40%氢氧化钾：KOH 40.0 g，蒸馏水 100 mL，为乙液。

将甲液和乙液分装于棕色瓶中，4℃保存。

**4. 器材**

恒温培养箱，高压锅，电炉，搪瓷缸，玻璃棒及接种环等。

## 四、实验步骤

### （一）菌种的活化

将供试菌分别接种于牛肉膏蛋白胨固体斜面培养基上，于 28℃条件下培养 24～48 h，备用。

### （二）接种与培养

将活化好的菌种分别接种于葡萄糖蛋白胨液体培养基中，每个菌接种 6 管，另外 6 管作为不接菌对照，置于 37℃培养 4～7 d。

### （三）结果检查

**1. 甲基红实验**

取培养液各 3 管（重复），于管中滴加甲基红指示剂 2～3 滴，充分摇匀，观察颜色变化。如果培养液呈红色，为 M.R.阳性反应；如呈黄色，即阴性反应（图 5-1），应继续培养再次检查，以确定生成的酸是否完全变换。同样方法检查对照管。

**2. 乙酰甲基甲醇实验**

取另外培养液 3 管，加入等量的乙液。充分混合，再加入少量（1～2 mL）甲液，猛烈振荡，2～10 min 如培养液出现红色，即 V.P. 实验阳性，但有时需要放置更长时间（一般 4 h）才出现红色反应，否则为阴性反应，同法检查对照管（图 5-2）。

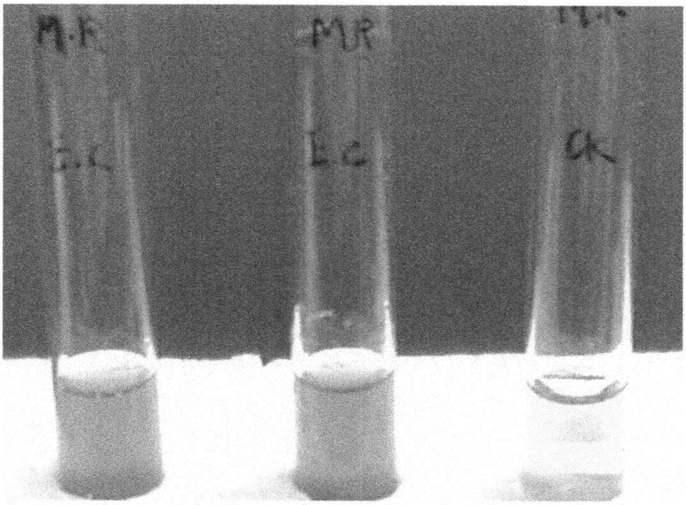


A　　　B　　　C

图 5-1　M.R.实验反应（见图版）

A，B. M.R.+；C. 对照−

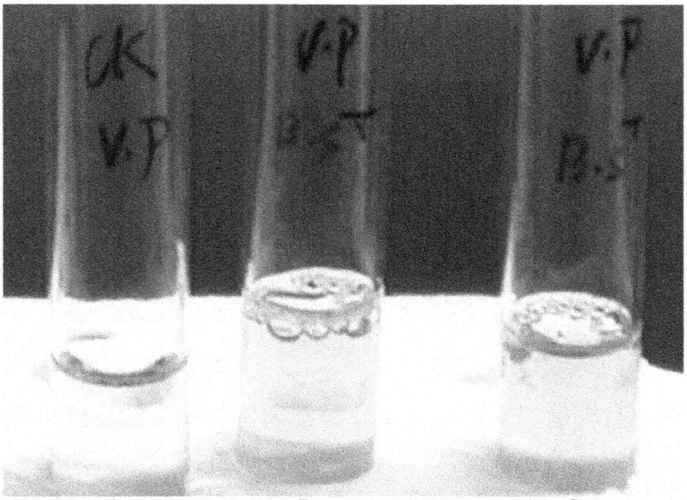


A　　　B　　　C

图 5-2　V.P. 实验反应（见图版）

A. 对照−；B，C. V.P. +

## 五、实验结果

将结果填入表 5-1。

**表 5-1　细菌的 M.R.实验和 V.P.实验反应结果**

| | 大肠杆菌 | 枯草芽孢杆菌 | 空白对照 |
|---|---|---|---|
| M.R.实验 | | | |
| V.P.实验 | | | |

注：“+”表示阳性；“−”表示阴性

## 六、思考题

V.P.实验与 M.R.实验的最初作用物及最终产物有什么异同？为什么会出现最终产物的不同？

## 七、参考文献

程丽娟，薛泉宏. 2012. 微生物学实验技术. 2 版. 北京：科学出版社：84-85
东秀珠，蔡妙英. 2001. 常见细菌系统鉴定手册. 北京：科学出版社：372-373

# 实验六　石蕊牛奶实验

## 一、实验目的

学习和掌握石蕊牛奶实验的原理、方法及用途，学习细菌鉴定的方法。

## 二、实验原理

牛奶中主要含有乳糖和酪蛋白，不仅是细菌生长发育的良好培养基，而且可用以测定细菌的生理生化特性。不同细菌对牛奶各成分的分解利用是不同的，常用石蕊作为酸碱指示剂和氧化还原指示剂。石蕊在中性时呈淡紫色，酸性时呈红色，碱性时呈蓝色，还原时自下而上退色变白。以此特征来鉴定细菌。

通常细菌对牛奶的作用有以下 6 种情况。

1）产酸：细菌发酵乳糖产酸，使石蕊变红。

2）产碱：细菌分解酪蛋白产生氨等碱性物质，使石蕊变蓝。

3）胨化：细菌产生蛋白酶，使酪蛋白分解，故牛奶变得比较澄清而略微透明。

4）酸凝固：细菌发酵乳糖产酸，使石蕊变红，当酸度很高时，可使牛奶凝固。

5）凝乳酶凝固：有些细菌能产生凝乳酶，使牛奶中的酪蛋白凝固，此时牛奶常呈蓝色或不变色。

6）还原：细菌生长旺盛，使培养基氧化还原电位降低，因而石蕊还原退色。上述 1～5 种反应情况中，石蕊均可被还原（图 6-1）。

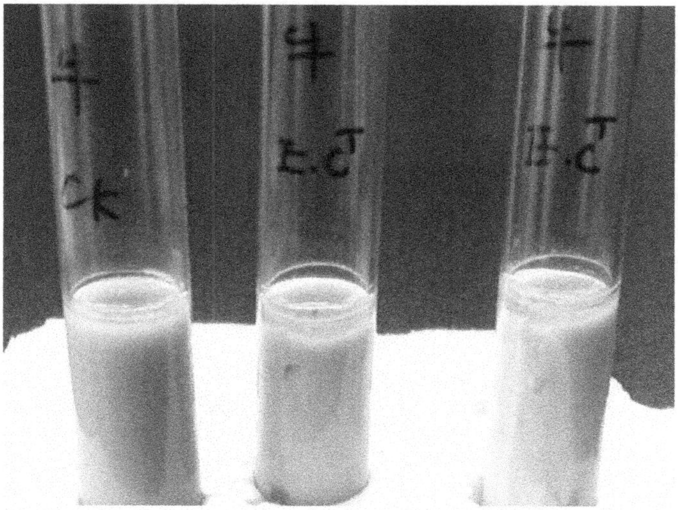

A　　B　　C

图 6-1　石蕊牛奶实验图示（见图版）

A. 对照–；B，C. 还原+，产酸+，酸凝固+，胨化+

## 三、实验材料

### 1. 菌种

大肠杆菌（*Escherichia coli*），枯草芽孢杆菌（*Bacillus subtilis*），金黄色葡萄球菌（*Staphylococcus aureus*）。

### 2. 石蕊牛奶培养基

100 g /L 脱脂牛奶 100 mL，25 g /L 石蕊水溶液 4 mL，以混合后呈丁香花紫色为适度，分装于试管中，液面高度约 4 cm，115℃灭菌 20 min。

### 3. 器材

培养箱，试管架，灭菌锅，接种环，记号笔等。

## 四、实验步骤

1）取石蕊牛奶培养基试管，用记号笔标明各管所接种的菌名。分别接种大肠杆菌、枯草芽孢杆菌和金黄色葡萄球菌，同时由不接菌作为对照，每个菌种重复 3 次。

2）将接种后的试管置 30℃中保温静置培养。

3）结果检查。于 3 d、5 d、7 d 和 14 d 分别观察一次，记录结果。

## 五、实验结果

将结果填入表 6-1。

**表 6-1　细菌对牛奶的作用结果**

| 菌种 | 观察时间/d | 颜色反应 | 产酸 | 酸凝固 | 凝乳酶凝固 | 产碱 | 还原 | 胨化 |
|---|---|---|---|---|---|---|---|---|
| 大肠杆菌 | 3 | | | | | | | |
| | 5 | | | | | | | |
| | 7 | | | | | | | |
| 枯草芽孢杆菌 | 3 | | | | | | | |
| | 5 | | | | | | | |
| | 7 | | | | | | | |
| 金黄色葡萄球菌 | 3 | | | | | | | |
| | 5 | | | | | | | |
| | 7 | | | | | | | |
| 空白对照 | 3 | | | | | | | |
| | 5 | | | | | | | |
| | 7 | | | | | | | |

注："+"表示阳性；"−"表示阴性

## 六、思考题

1. 解释石蕊牛奶中的石蕊为什么能起到氧化还原指示剂的作用。
2. 石蕊牛奶实验有何实践意义？

## 七、参考文献

程丽娟，薛泉宏. 2012. 微生物学实验技术. 2 版. 北京：科学出版社：82-83
杜连祥，路福平. 2008. 微生物学实验技术. 北京：中国轻工业出版社：386-387

# 实验七　丙二酸盐利用

## 一、实验目的

1. 了解丙二酸盐利用实验的用途及原理。
2. 掌握丙二酸盐利用实验操作规程。

3. LB 固体培养基胰蛋白胨 10 g，酵母粉 5 g，氯化钠 10 g，pH7.5，蒸馏。

## 二、实验原理

不同微生物具有不同的酶系统，有的微生物能够利用丙二酸盐作为唯一碳源，有的则不能。在以丙二酸盐为唯一碳源的培养基中接种供试细菌，细菌生长时将丙二酸盐分解为碳酸盐，培养基 pH 发生改变，由中性变成碱性，添加于培养基中的溴麝香草酚蓝（bromothymol blue，BTB）指示剂发生颜色改变，使培养基的颜色由中性 pH 条件下的绿色变为碱性 pH 条件下的蓝色。在研究工作中，常用此反应来鉴别某些细菌对盐类的利用范围。

## 三、实验材料

**1. 菌种**

大肠杆菌（*Escherichia coli*）及沙门氏菌（*Salmonella* sp.）。

**2. 丙二酸钠液体培养基**

酵母膏 1 g，硫酸铵 2 g，磷酸氢二钾 0.6 g，磷酸二氢钾 0.4 g，氯化钠 2 g，丙二酸钠 3 g，溴麝香草酚蓝 0.025 g，蒸馏水 1000 mL。

**3. 器材**

试管，接种环，酒精灯，恒温培养箱，高压灭菌锅，超净台等。

## 四、实验步骤

### （一）丙二酸钠液体培养基配制

依次称取培养基配方中的各组分物质，分别溶解于 800 mL 蒸馏水中，待全部溶解后，调节溶液 pH 为 7.1，此时培养基为绿色，再用蒸馏水补足至 1000 mL，分装于 15 mm×150 mm 试管，3 mL/管，121℃灭菌 15 min，冷却后 4℃冰箱保存备用。

### （二）接菌培养

先将供试菌株大肠杆菌、沙门氏菌接种于 LB 斜面，37℃活化 24 h。实验前取装有丙二酸钠液体培养基的试管 9 支，分别编号，每个菌株重复 3 次；无菌条件下接种供试细菌，以不接菌为空白对照。接菌后培养基试管于 37℃恒温培养箱中培养 24～48 h。

### （三）结果观察

供试菌株接种培养 24 h 观察培养基颜色变化，颜色由绿色变为蓝色者，丙二酸钠实验结果记为阳性，培养基不变色者为阴性。若结果为阴性，继续培养至 48 h 后观察并记录结果。

## 五、实验结果

将观察结果记录于表 7-1，并根据结果撰写实验报告。

**表 7-1　丙二酸钠利用实验结果记录表**

| 编号 | 供试菌株 | 丙二酸钠利用 |
|---|---|---|
| 1 | 大肠杆菌 | |
| 2 | 沙门氏菌 | |
| 3 | 阴性对照 | |

## 六、思考题

实验中为什么选择溴麝香草酚蓝作为指示剂，能否有其他指示剂可选择?

## 七、参考文献

杜连祥，路福平. 2008. 微生物学实验技术. 北京：中国轻工业出版社
朱旭芬. 2011. 现代微生物学实验技术. 杭州：浙江大学出版社

# 实验八　细菌对色氨酸的利用——吲哚产生实验

## 一、实验目的

1. 检测细菌代谢色氨酸产生吲哚的能力。
2. 掌握吲哚产生实验的基本原理及检测方法。

## 二、实验原理

吲哚（indole）实验又称靛基质实验，是由于某些细菌具有产生色氨酸酶（tryptophanase）的能力，将蛋白胨中色氨酸（tryptophan）分解转化生成吲哚、丙酮酸（pyruvic acid）和氨。根据吲哚溶于有机溶剂的特性，用乙醚萃取，再加入指示剂，产生的吲哚与指示剂中对二甲基氨基苯甲醛结合成玫瑰吲哚化合物，而使溶液呈红色，据此判断菌株产生吲哚能力。具体反应如下。

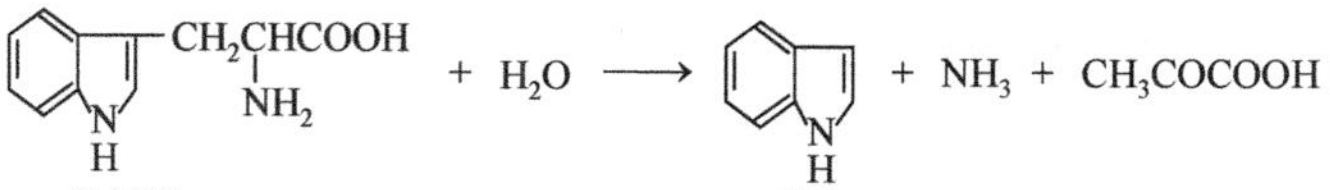
色氨酸　　吲哚

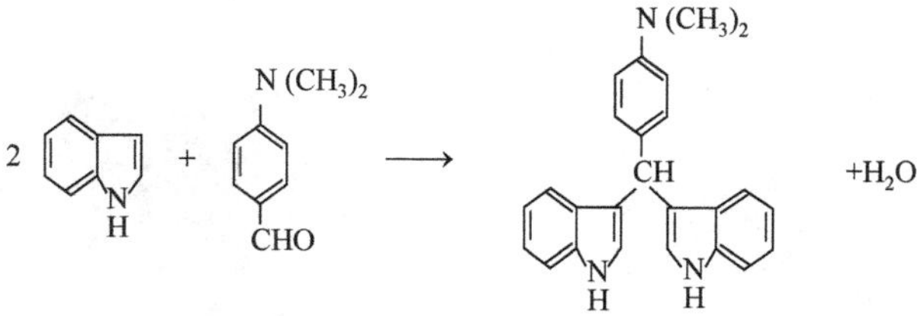
吲哚　对二甲基氨基苯甲醛　红色玫瑰吲哚

## 三、实验材料

**1. 菌种**

大肠杆菌（*Escherichia coli*），产气肠杆菌（*Enterobacter aerogenes*）。

**2. 蛋白胨液体培养基**

蛋白胨 10 g，氯化钠 5 g，蒸馏水 1000 mL，pH7.4～7.6。装 1/4～1/3 试管高度，115℃灭菌 30 min 备用。

**3. 柯氏（Kovacs）试剂**

对二甲基氨基苯甲醛 3 g，戊醇（或丁醇）75 mL，浓盐酸 25 mL。

**4. 器材**

试管，滴管，接种环，酒精灯，恒温培养箱，灭菌锅等。

## 四、实验步骤

### （一）实验准备

按配方制备蛋白胨液体培养基，分装至试管，5 mL/管，121℃灭菌 15 min，冷却备用。

### （二）接菌培养杆菌

大肠杆菌、产气肠杆菌接种至 LB 斜面试管，37℃活化 24 h。取供试培养液试管分别编号，无菌操作分别接入供试菌株，以未接菌培养液试管为对照，每处理重复 3 次。将上述试管置于 37℃恒温培养箱中培养 24 h。

### （三）结果观察

将培养 24 h 的试管取出，分别向培养液中加入约 1 mL 乙醚（呈明显乙醚层），充分振荡均匀，使吲哚溶于乙醚中，静置片刻，待乙醚层浮于培养液上面时，沿管壁缓慢加入 5～8 滴柯氏试剂，静置显色（图 8-1）。需注意的是，在加入显色剂后不能摇动，避免破坏乙醚层导致红色不明显。

A B

图 8-1 细菌吲哚产生实验（见图版）

A. 阴性；B. 阳性

## 五、实验结果

根据供试菌株培养液加入的乙醚层的显色情况进行判断，若呈现红色，表明有吲哚产生，记为阳性“+”；若乙醚层不变色者为阴性，记为“–”号，记载实验结果于表 8-1 中，并据此分析。

**表 8-1 吲哚产生实验结果记录表**

| 实验编号 | 菌种 | 吲哚产生实验现象及结果 |
|---|---|---|
| 1 | 大肠杆菌 | |
| 2 | 产气肠杆菌 | |
| 3 | 对照 | |

## 六、思考题

1. 为什么观察结果需加入乙醚振荡后进行静置显色，且只在液面上层出现红色？

2. 培养基 pH 调至 7.4～7.6 的原因何在？

## 七、参考文献

徐威. 2004. 微生物学实验. 北京：中国医药科技出版社
朱旭芬. 2011. 现代微生物学实验技术. 杭州：浙江大学出版社

# 实验九　葡萄糖和甘露醇发酵实验

## 一、实验目的

1. 检测不同细菌对单糖及醇类的发酵能力。
2. 掌握糖、醇类发酵的原理及生理生化特征在细菌鉴定中的作用。

## 二、实验原理

不同细菌酶系统不同，发酵糖、醇类物质的能力各异，分解产物也不同，有的菌株只产酸，有的菌株既产气又产酸，有的菌种则不能利用某些糖、醇物质，借此可鉴别菌种。

糖或醇发酵后产生各种有机酸，如乳酸、乙酸、甲酸等，同时产生 $H_2$、$CO_2$、$CH_4$ 等气体。溴甲酚紫是一种酸碱指示剂，在 pH 中性时为紫色，碱性时为深红色，而在酸性时为黄色。实验时，在各试管中加一倒置小管，称为杜兰管（Durham tube），分装入实验用培养基。高压灭菌过程中，培养基被压入杜兰管并赶走管内气体（图 9-1）。

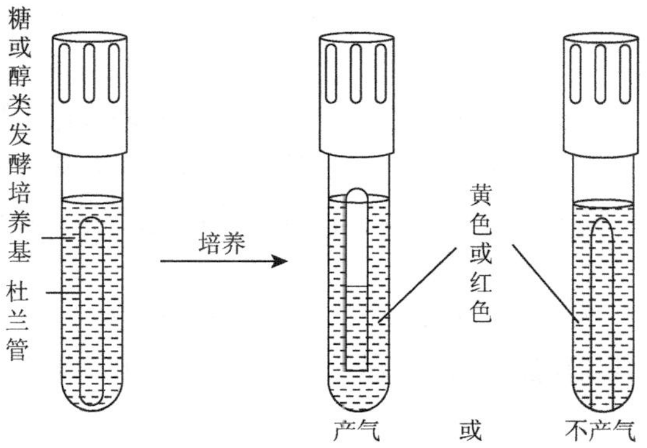


图 9-1　糖、醇类发酵实验

供试细菌在生长过程中若能利用糖或醇产生气体，可滞留在杜兰管内，从而观察到气体产生；当供试细菌利用糖、醇产生酸性物质后，培养液由于加入溴甲酚紫指示剂，其颜色将由紫色变为黄色。据此可判断供试菌株利用糖、醇类物质产酸产气特性。

## 三、实验材料

**1. 菌种**

大肠杆菌（*Escherichia coli*），产气肠杆菌（*Enterobacter aerogenes*）及乳酸细菌（*Lactobacillus* sp.）。

**2. 培养基**

1）葡萄糖发酵培养基（装有杜兰管）：酵母膏 0.2 g，KCl 5 g，$(NH_4)_2HPO_4$ 0.2 g，$MgSO_4$ 0.2 g，甘露醇 10 g，0.04%溴甲酚紫乙醇溶液 15 mL，蒸馏水补足 1000 mL，此时培养液呈紫色。

2）甘露醇发酵培养基（装有杜兰管）：酵母膏 0.2 g，KCl 5 g，$(NH_4)_2HPO_4$ 0.2 g，$MgSO_4$ 0.2 g，甘露醇 10 g，0.04%溴甲酚紫乙醇溶液 15 mL，蒸馏水补足 1000 mL，此时培养液呈紫色。

**3. 试剂**

0.04%溴甲酚紫乙醇溶液。

**4. 器材**

试管，杜兰管，接种环，恒温培养箱，灭菌锅等。

## 四、实验步骤

### （一）实验准备

分别配制葡萄糖发酵培养基、甘露醇发酵培养基，在实验用试管中放入杜兰管，分装培养液于试管中，装量以高于杜兰管为宜，115℃灭菌 20 min，冷却备用。

### （二）接菌培养

将大肠杆菌、产气肠杆菌、乳酸细菌等供试菌株活化备用。取培养液澄清、颜色为紫色、杜兰管无气泡的两种发酵培养基试管，编号后无菌操作接种供试菌株，以未接菌为对照，每处理重复 3 次。接菌试管和对照试管均放于 37℃恒温培养箱培养。

### （三）结果观察

接种供试菌株 37℃恒温培养，分别于 24 h、48 h 和 72 h 取出观察实验结果。

## 五、实验结果

与对照试管比较，观察各试管中培养基颜色变化和杜兰管中有无气泡，并将实验结果计入表 9-1。

表 9-1 葡萄糖和甘露醇发酵实验结果记录表

| 碳源 | 大肠杆菌 | | | 产气肠杆菌 | | | 乳酸细菌 | | |
|---|---|---|---|---|---|---|---|---|---|
| | 24 h | 48 h | 72 h | 24 h | 48 h | 72 h | 24 h | 48 h | 72 h |
| 葡萄糖 | | | | | | | | | |
| 甘露醇 | | | | | | | | | |

注："NR"表示无反应或结果复杂；"A"表示不产酸不产气；"AG"表示产酸产气；"B"表示产生碱性物质

## 六、思考题

结合实验原理及所学的微生物学知识，分析供试菌株产酸机制。

## 七、参考文献

杜连祥，路福平. 2008. 微生物学实验技术. 北京：中国轻工业出版社
朱旭芬. 2011. 现代微生物学实验技术. 杭州：浙江大学出版社

# 实验十 葡萄糖酸盐的利用

## 一、实验目的

了解细菌对葡萄糖酸盐利用的原理，掌握葡萄糖酸盐利用实验技术。

## 二、实验原理

不同细菌对葡萄糖酸盐的利用情况存在差异，一些细菌如假单胞菌（*Pseudomonas*）和肠杆菌科（Enterobacteriaceae）可利用葡萄糖酸钾，将其氧化成 α-酮基葡萄糖酸，而产生的 α-酮基葡萄糖酸具有还原特性，将费林试剂中呈蓝色的铜盐还原为棕红色或砖红色的氧化亚铜沉淀，由此进行鉴别。

## 三、实验材料

### 1. 菌种

丁香假单胞菌（*Pseudomonas syringae*），大肠杆菌（*Escherichia coli*）。

### 2. 葡萄糖酸盐培养基

蛋白胨 1.5 g，磷酸氢二钾 1 g，酵母膏 1 g，葡萄糖酸钾 40 g，或者葡萄糖酸钠 37.25 g，蒸馏水 1 L。

### 3. 试剂

费林试剂。

A 液：34.64 g 酒石硫酸铜，加蒸馏水至 500 mL。

B 液：173 g 酒石酸钾钠，125 g KOH，加蒸馏水至 500 mL。

注意：A 液和 B 液需实验前现配现用，等量混合。

**4. 器材**

试管，接种环，恒温培养箱，高压灭菌锅，超净工作台，水浴锅等。

## 四、实验步骤

### （一）实验准备

按配方称取葡萄糖酸盐培养基的组分溶解于适量蒸馏水中配成液体培养基，调 pH 至 7.0，然后分装试管，装量为 1/4～1/3 试管高度，115℃灭菌 20 min，冷却备用。

### （二）接菌

将供试菌株接种于葡萄糖酸盐培养基，以不接菌为阴性对照，30℃培养 48 h，每处理重复 3 次。

### （三）检测

加入费林试剂 1 mL，在沸水浴中放置 10 min，并迅速冷却。

## 五、实验结果

观察并记录实验结果于表 10-1 中，出现红色到砖红色沉淀为阳性；不变色（保持蓝色）为阴性。

**表 10-1　葡萄糖酸盐利用实验结果记录**

| 实验编号 | 菌种 | 实验结果记录 |
| --- | --- | --- |
| 1 | 丁香假单胞菌 | |
| 2 | 大肠杆菌 | |
| 3 | 对照 | |

## 六、思考题

本实验是否需要摇床振荡培养，为什么？

## 七、参考文献

杜连祥，路福平. 2008. 微生物学实验技术. 北京：中国轻工业出版社

宋渊. 2012. 微生物学实验教程. 北京：中国农业大学出版社

朱旭芬. 2011. 现代微生物学实验技术. 杭州：浙江大学出版社

# 实验十一　柠檬酸盐的利用

## 一、实验目的

了解柠檬酸盐实验原理和方法，掌握柠檬酸盐实验方法步骤。

## 二、实验原理

利用细菌分解柠檬酸盐后产生碱性化合物使培养基 pH 升高的特点，在培养基中加入相应的指示剂，根据培养基颜色变化判断实验结果。

产气肠杆菌能利用柠檬酸盐作为唯一碳源，将柠檬酸盐转化为乙酸盐、甲酸和 $CO_2$，进一步将有机酸分解，产生碱性碳酸盐和碳酸氢盐，导致培养基由中性变为碱性。以溴麝香草酚蓝（bromothymol blue，BTB）为指示剂，在培养过程中溶液由绿色变为蓝色，表示柠檬酸盐利用呈阳性，反之为阴性。溴麝香草酚蓝作为指示剂，其变色情况为：pH<6.0，溶液呈黄色；pH=6.0～7.6，溶液呈绿色；pH>7.6，呈蓝色。

## 三、实验材料

### 1. 菌种

大肠杆菌（*Escherichia coli*），产气肠杆菌（*Enterobacter aerogenes*）。

### 2. 柠檬酸盐培养基

$NH_4H_2PO_4$ 1 g，$K_2HPO_4$ 1 g，NaCl 5 g，$MgSO_4$ 0.2 g，柠檬酸钠 2 g，琼脂 15～20 g，蒸馏水 1000 mL。

### 3. 试剂

1%溴麝香草酚蓝乙醇溶液。

### 4. 器材

试管，接种环，酒精灯，恒温培养箱，高压灭菌锅。

## 四、实验步骤

### （一）培养基制备

准确称取柠檬酸盐培养基各组分，溶解于蒸馏水，调节培养基 pH 为 7.4，加入 1%溴麝香草酚蓝乙醇溶液 10 mL，用脱脂棉过滤，分装试管，装 1/4～1/3 试管高度，115℃灭菌 20 min，制成斜面备用，冷却后斜面培养基为草绿色。

（二）接菌培养

在超净工作台中将供试大肠杆菌和产气肠杆菌分别接种于柠檬酸盐培养基斜面，以未接菌的培养基为阴性对照，37℃培养 24～48 h，每处理重复 3 次。

## 五、实验结果

以未接菌为对照，观察培养基斜面生长情况并将结果记于表 11-1，若呈蓝色为阳性，记为“+”，不变色为阴性，记为“–”。

**表 11-1　柠檬酸盐的利用实验结果记录表**

| 编号 | 供试菌株 | 柠檬酸盐利用 |
|---|---|---|
| 1 | 大肠杆菌 | |
| 2 | 产气肠杆菌 | |
| 3 | 对照 | |

## 六、思考题

如果在柠檬酸盐培养基中加入 5 g/L 葡萄糖，实验结果会发生怎样变化？

## 七、参考文献

杜连祥，路福平. 2008. 微生物学实验技术. 北京：中国轻工业出版社
宋渊. 2012. 微生物学实验教程. 北京：中国农业大学出版社
朱旭芬. 2011. 现代微生物学实验技术. 杭州：浙江大学出版社

# 实验十二　硝酸盐还原

## 一、实验目的

1. 检测细菌对硝酸盐的还原能力。
2. 掌握硝酸盐还原实验的基本原理及检测方法。

## 二、实验原理

自然界中的某些细菌具有硝酸盐还原能力，可将硝酸盐还原成亚硝酸盐、氨和氮气等。硝酸盐还原包括两类，一类是在合成代谢过程中将硝酸盐还原成亚硝酸盐和氨，再转化成氨基酸和其他含氮化合物，该过程称为同化型硝酸盐还原作用

（assimilatory reduction）；另一类是在分解代谢过程中，有些细菌能在厌氧条件下以硝酸盐或亚硝酸盐作为最终电子受体，进行厌氧呼吸获得能量，将硝酸盐还原成 $N_2O$，最终生成 $N_2$，该过程称为异化型硝酸盐还原作用。

细菌将培养基中的硝酸盐还原为亚硝酸盐，若向其中加入格里斯试剂，培养液呈粉红色或红色，称为正反应。若向培养液中加入格里斯试剂后溶液不出现红色，存在两种可能性：一种是供试细菌不具有还原硝酸盐能力，接种供试菌培养一定时间后，培养液中仍然有硝酸盐存在，此时加入 1～2 滴二苯胺试剂，溶液出现蓝色，即证明培养液中的硝酸盐未被分解，此为负反应；二是培养基中的硝酸盐被细菌还原为亚硝酸盐，进而被还原成氨和氮气，培养液中不再有硝酸盐存在，此时加入格里斯试剂溶液不变色，再加入二苯胺也不变色，此反应为正反应。

## 三、实验材料

**1. 菌种**

大肠杆菌（*Escherichia coli*），产气肠杆菌（*Enterobacter aerogenes*）。

**2. 硝酸盐还原培养基**

牛肉膏 3 g，蛋白胨 6 g，$KNO_3$ 1 g，蒸馏水 1000 mL，调 pH 至 7.0～7.6，121℃灭菌 20 min。

**3. 显色试剂**

1）格里斯试剂配制方法如下。

A 液：0.5 g 对氨基苯磺酸溶于 150 mL 10%乙酸溶液，保存于棕色瓶中。

B 液：α-萘胺（α-naphthylamine）0.1 g，蒸馏水 20 mL，10%稀乙酸 150 mL，混匀后保存于棕色瓶内。

注意：使用前将 A 液与 B 液等量混合后即成格里斯试剂。

2）二苯胺试剂：称取 0.1 g 二苯胺（diphenylamine）溶于 20 mL 蒸馏水中，然后缓缓加入 100 mL 浓硫酸，保存于棕色瓶中。

**4. 器材**

试管，恒温培养箱，超净工作台，高压灭菌锅，微量移液器，比色盘。

## 四、实验步骤

### （一）培养基制备

称取硝酸盐培养基各组分溶解于适量的蒸馏水，调 pH 至 7.0～7.6，再分装于试管（1/4～1/3 试管高度），121℃灭菌 30 min，冷却备用。

### （二）接菌培养

将大肠杆菌和产气肠杆菌分别接种于装有灭菌冷却的硝酸盐还原培养基的试

管，各重复 3 次，以不接种为阴性对照，37℃培养 1～4 d。

（三）结果检测

1）培养期间每天检测，取培养液 2 滴放入白色比色盘，加入 1～3 滴（约 0.1 mL）格里斯试剂。加入试剂后如果立即或 10 min 内出现粉红色、玫瑰红色、橙色、棕色等，表明有亚硝酸盐产生（图 12-1），结果为硝酸盐还原阳性。此时另取培养液 2 滴于比色盘中，加二苯胺试剂 1～2 滴，溶液出现蓝色（图 12-2），表明培养液中仍有硝酸盐存在（有时需持续滴入二苯胺试剂才缓慢出现蓝色反应）。

2）如格里斯试剂检测呈阴性反应，再加入 1～2 滴二苯胺试剂，若溶液呈蓝色反应，则表明硝酸盐未被还原，结果为硝酸盐还原阴性。

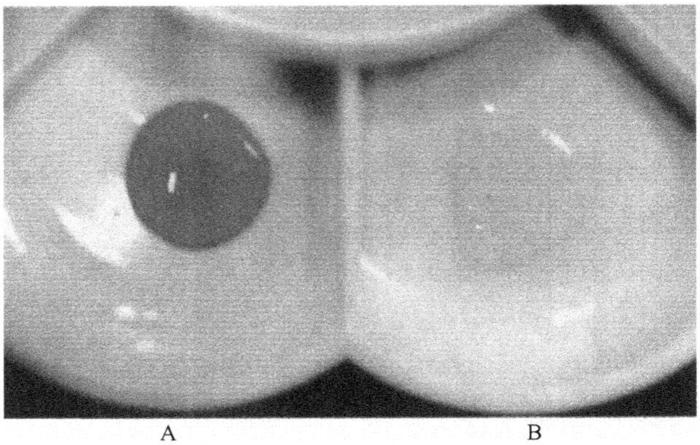


图 12-1 格里斯试剂反应（见图版）

A. 阳性反应；B. 阴性反应

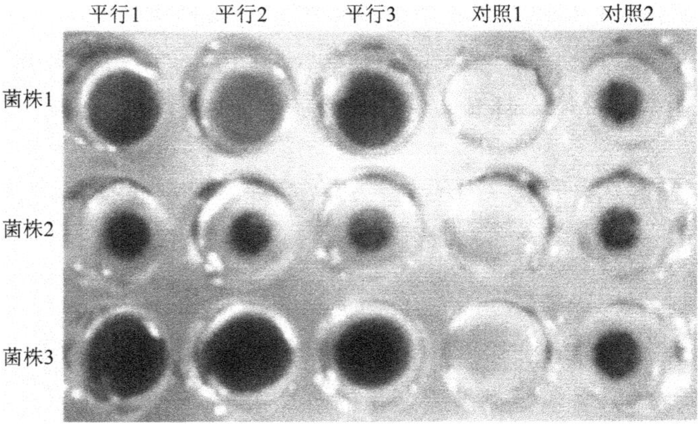


图 12-2 二苯胺试剂反应

对照 1. 无硝酸盐，接菌；对照 2. 含硝酸盐底物，未接菌

## 五、实验结果

观察实验结果，并将实验结果记录于表 12-1。

**表 12-1　硝酸盐还原实验结果**

| 编号 | 供试菌株 | 硝酸盐还原实验结果 |
|---|---|---|
| 1 | 大肠杆菌 | |
| 2 | 产气肠杆菌 | |
| 3 | 对照 | |

## 六、思考题

若格里斯试剂检测呈无色反应，是否即可判断硝酸还原反应为阴性？说明理由。

## 七、参考文献

杜连祥，路福平. 2008. 微生物学实验技术. 北京：中国轻工业出版社
徐威. 2004. 微生物学实验. 北京：中国医药科技出版社
朱旭芬. 2011. 现代微生物学实验技术. 杭州：浙江大学出版社

# 实验十三　细菌胞外淀粉酶的测定

## 一、实验目的

1. 了解细菌淀粉酶的产生及其水解淀粉的生化机制。
2. 掌握淀粉水解的测试方法。

## 二、实验原理

淀粉酶根据作用的方式可分为α-淀粉酶（EC3.2.1.1.）与β-淀粉酶（EC3.2.1.2.）。α-淀粉酶以 $Ca^{2+}$为必需因子，既作用于直链淀粉，也作用于支链淀粉，无差别地切断α-1, 4-糖苷键，造成淀粉溶液黏度的下降和碘反应的消失，最终产物以麦芽糖为主，还有麦芽三糖及少量葡萄糖。α-淀粉酶在分解支链淀粉时，除麦芽糖、葡萄糖外，还生成分支部分具有 α-1, 6-糖苷键的 α-极限糊精；一般分解限度以葡萄糖为准，为35%～50%，但用细菌产生的淀粉酶处理后，可呈现高达 70%的分解限度，并最终游离出葡萄糖。β-淀粉酶与 α-淀粉酶的不同点在于其从非还原性末端逐次以麦芽糖

为单位水解 α-1, 4-糖苷键，同时发生沃尔登转位反应（Walden inversion），使生成的麦芽糖由 α 型转为 β 型。它不能水解支链淀粉的 α-1, 6-糖苷键，也不能绕过支链淀粉的分支点继续作用于 α-1, 4-糖苷键。β-淀粉酶的唯一产物是麦芽糖，不是葡萄糖，当直链淀粉含有偶数个单位的葡萄糖分子时，酶解产物为麦芽糖；但是当直链淀粉含有奇数个葡萄糖分子时，其产物是大量的麦芽糖和末端的葡萄糖。

直链淀粉遇碘呈蓝色，支链淀粉遇碘呈紫红色，糊精遇碘呈蓝紫、紫、橙等颜色。这些显色反应的灵敏度很高，可以用作淀粉定性和定量的方法。淀粉与碘生成包合物的颜色与淀粉的聚合度或相对分子质量有关。许多细菌可以产生淀粉酶，能水解培养基中的淀粉为糊精、麦芽糖或葡萄糖；淀粉发生水解反应后，遇碘不再变蓝，可用于鉴定实验菌株是否具有淀粉酶及其水解淀粉的能力。

## 三、实验材料

**1. 菌种**

大肠杆菌（*Escherichia coli*），枯草芽孢杆菌（*Bacillus subtilis*），土壤中分离纯化的细菌菌株。

**2. 试剂**

碘，碘化钾，可溶性淀粉，牛肉膏，蛋白胨，琼脂等。

**3. 器材**

试管，培养皿，三角瓶，接种环，酒精灯，培养箱，摇床，超净工作台等。

## 四、实验步骤

### （一）培养基配制

称取牛肉膏 3 g，蛋白胨 5 g，琼脂 15 g，加入蒸馏水 500 mL，加热溶解；称取可溶性淀粉 2 g，加入 300 mL 蒸馏水，加热溶解；将 2 种溶液混合后加入蒸馏水至总体积 1000 mL，调节 pH 至 7.0，分装至三角瓶中，121℃蒸汽灭菌 30 min，倒平板备用。

### （二）卢哥氏碘液的配制

在 10 mL 蒸馏水中加入 2.0 g 碘化钾，溶解后再加入 1.0 g 碘，待碘完全溶解后，加水至 300 mL 即可。

### （三）接种

在平板上活化大肠杆菌、枯草芽孢杆菌和实验菌株，取培养 24～48 h 的新鲜培养物，无菌操作，用接种环挑取 3 种菌株，点接在上述的淀粉水解培养基平板中，在培养皿背面做好标记，每组实验重复 3 个平皿。

（四）培养及观察

将上述平板置于30℃培养箱中，分别培养2 d、4 d和6 d后取出1个平板，在平板上滴加卢哥氏碘液数滴，轻轻晃动培养皿，使碘液均匀铺满平板，观察菌落周围是否出现透明圈。如果与碘液反应后，菌落周围出现无色透明圈，说明淀粉被水解，若菌落周围出现红紫色，现象不明显，说明淀粉被部分水解（图 13-1）。

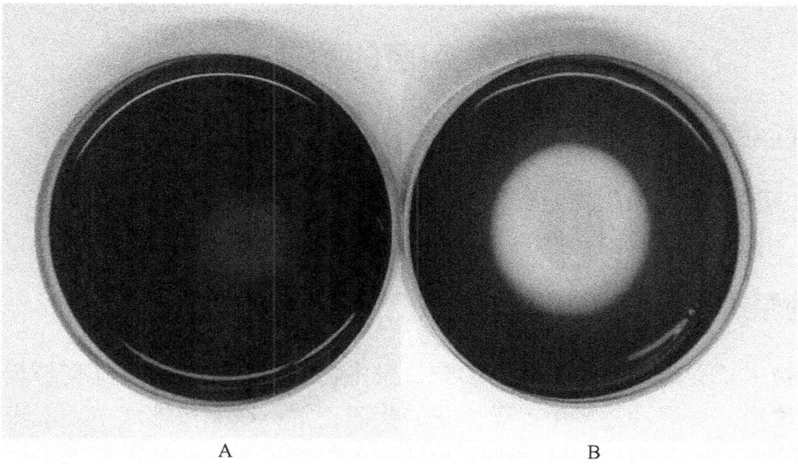


图 13-1　淀粉水解圈（见图版）

A. 阴性–；B. 阳性+

## 五、实验结果

列表记录实验结果（表 13-1），若菌落周围出现无色透明圈，说明淀粉被水解，透明圈的大小说明该菌株水解淀粉的能力。

**表 13-1　淀粉水解实验结果**

| | 2 d | 4 d | 6 d |
|---|---|---|---|
| 大肠杆菌 | | | |
| 枯草芽孢杆菌 | | | |
| 实验菌株 | | | |

注："+"表示有透明圈，并记录详细数据，透明圈直径（cm）/菌落直径（cm）；"–"表示无透明圈

## 六、思考题

1. 淀粉被水解后的最小产物是什么？
2. 本方法是否适用于所有的细菌？影响实验结果的因素有哪些？

## 七、参考文献

程丽娟，薛泉宏. 2000. 微生物学实验技术. 西安：世界图书出版公司：98
哈雷 JP. 2012. 图解微生物实验指南. 谢建平译. 北京：科学出版社：96-98
http: //www.scs.illinois.edu/ rao/index.php[2014-4-18]

# 实验十四　细菌的耐盐性检测

## 一、实验目的

1. 了解耐盐性对微生物分类鉴定的意义。
2. 学习测定微生物耐盐性的方法。

## 二、实验原理

微生物生长受培养基渗透压的影响，微生物的生活环境必须具有与其细胞大致相等的渗透压，在等渗环境中，微生物的代谢正常；在高渗溶液中，水将通过细胞膜进入细胞周围的溶液中，造成细胞脱水而引起质壁分离，使细胞无法生长甚至死亡；若将微生物置于低渗溶液中，外界环境中的水将向细胞内渗透，导致细胞膨胀甚至死亡。微生物对渗透压的适应能力不同，导致微生物的耐盐范围差别很大，可以作为鉴别微生物的一个特征性指标。

根据微生物对盐的需要可分为非嗜盐微生物、弱嗜盐微生物、中度嗜盐微生物、极端嗜盐微生物。耐盐微生物属于非嗜盐微生物，但在较高盐浓度中仍能生长。嗜盐菌在分类上形成嗜盐菌科，一般生活在 10%～30%的盐液中，包括 6 个属：嗜盐杆菌属、嗜盐小盒菌属、嗜盐富饶菌属、嗜盐球菌属、嗜盐嗜碱杆菌属、嗜盐嗜碱球菌属。嗜盐菌要在高盐环境下生存，$Na^+$对维持细胞膜、细胞壁构造和功能有特别重要的作用。$Na^+$与细胞膜成分发生特异作用而增强了膜的机械强度，有利于维持细胞膜的构造，对阻止嗜盐菌的溶菌起着重要作用。在细胞膜的功能方面，嗜盐菌中氨基酸和糖的主动运输系统内必须有 $Na^+$存在，而且 $Na^+$是微生物产能呼吸反应中的一个必需因子。

## 三、实验材料

### 1. 菌种

大肠杆菌（*Escherichia coli*），枯草芽孢杆菌（*Bacillus subtilis*），土壤中分离纯化的细菌菌株。

### 2. 试剂

牛肉膏，蛋白胨，氯化钠，琼脂等。

### 3. 器材

试管，培养皿，三角瓶，接种环，酒精灯，培养箱，摇床，超净工作台等。

## 四、实验步骤

### （一）培养基配制

配制含 NaCl 0.5%、1%、2%、5%、7%、10%的牛肉膏蛋白胨液体培养基，每管 5 mL 分装于试管中，121℃蒸汽灭菌，备用。

### （二）菌种活化

将斜面保藏的大肠杆菌、枯草芽孢杆菌及土壤中分离的实验菌株转接到平板固体培养基上，进行菌种的活化，置于 37℃培养箱中培养 24 h。要求：平板培养物无杂菌污染，并形成单菌落。

### （三）接种

在无菌条件下用接种环将一个单菌落接入澄清的 5 mL 液体培养基中，每个菌株接 6 管，置于 37℃摇床内，150 r/min 条件下振荡培养。

### （四）观察

分别于 3 d 和 7 d 各取出 3 个摇管，以未接种的原始澄清培养基为空白对照，在分光光度计上测定 600 nm 的光吸收值(图 14-1)。同时可用肉眼观察各个摇管中液体的浑浊度。

注意：600 nm 为细菌浓度检测的常用波长，也可以将发酵液进行全波长扫描，以测得的最大吸收波长为实验的检测波长。

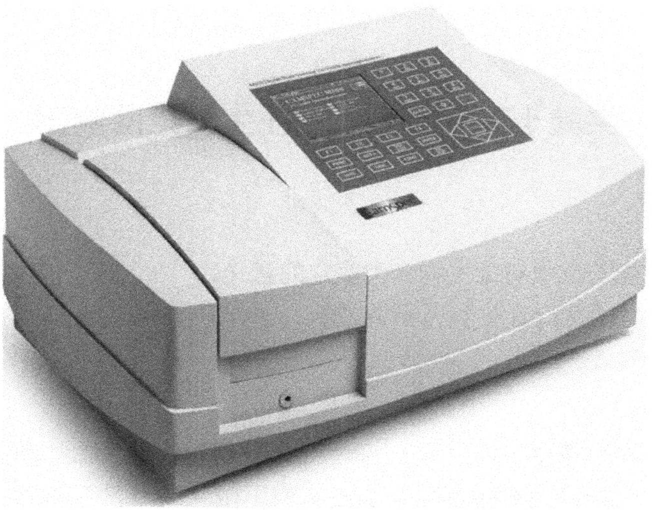

图 14-1 分光光度计

## 五、实验结果

将测定的各个摇管中培养液光吸收值填于表 14-1 中。

表 14-1　微生物的耐盐范围

| | 0.5% NaCl | | 1% NaCl | | 2% NaCl | | 5% NaCl | | 7% NaCl | | 10% NaCl | |
|---|---|---|---|---|---|---|---|---|---|---|---|---|
| | 3 d | 7 d | 3 d | 7 d | 3 d | 7 d | 3 d | 7 d | 3 d | 7 d | 3 d | 7 d |
| 大肠杆菌 | | | | | | | | | | | | |
| 枯草芽孢杆菌 | | | | | | | | | | | | |
| 实验菌株 | | | | | | | | | | | | |

注：表中填写 600 nm 的光吸收值，同时用肉眼观察培养液的浑浊度；"+++"表示生长最好；"++"表示生长良好；"+"表示可观察到菌落生长；"–"表示不生长

## 六、思考题

1. 盐浓度影响微生物生长发育的机制是什么？
2. 耐盐性为什么可以作为细菌鉴定的一个指标？
3. 实验过程中如果肉眼观察结果与光吸收值结果不一致，应如何解释？

## 七、参考文献

程丽娟，薛泉宏. 2000. 微生物学实验技术. 西安：世界图书出版公司：98
哈雷 JP. 2012. 图解微生物实验指南. 谢建平译. 北京：科学出版社：96-98
http：//www.hospital-int.net/article/new-camspec-spectrophotometer-conforms-to-nhs-guidelines.html[2013-12-3]

# 实验十五　细菌的 pH 生长范围测定

## 一、实验目的

1. 了解 pH 生长范围对微生物分类鉴定的意义。
2. 掌握测定微生物 pH 生长范围的方法。

## 二、实验原理

微生物生长繁殖需要一定的 pH 环境，pH 对微生物的生命活动影响很大，主要作用在于：引起细胞膜电荷的变化，从而影响了微生物对营养物质的吸收；影响代谢过程中酶的活性；改变生长环境中营养物质的有效性及有害物质的毒性。每种微

生物都有其最适 pH 和一定的 pH 生长范围。在最适 pH 范围内酶活性最高，如果其他条件适合，微生物的生长速率也最高。微生物在基质中生长，代谢作用改变了基质中氢离子浓度。随着环境 pH 的不断变化，微生物生长受阻，当超过最低或最高 pH 时，将引起微生物的死亡。为了维持微生物生长过程中 pH 的稳定，配制培养基时要注意调节 pH，而且往往还要加入缓冲物以保证 pH 在微生物生长繁殖过程中的相对稳定。

按照微生物生长的最适 pH 和耐受 pH 范围，可以分为中性微生物、嗜酸微生物、耐酸微生物、嗜碱微生物和耐碱微生物。中性微生物在 pH 6.0～8.0 生长，是自然环境中最常见的一类微生物。嗜酸微生物是指那些生长 pH 上限为 3.0，最适生长 pH 为 1.0～2.5 的微生物，它们一般分布在金属硫矿床酸性矿水、生物滤沥堆、煤矿床酸性矿水及含硫温泉和土壤中。而能在 pH 3.5～6.0 生长的微生物称为耐酸微生物。最适生长 pH 在 9.0～10.0 的微生物称为嗜碱微生物。在碱湖、碱性泉中可分离到嗜碱微生物，由于这些环境通常伴有高盐，许多嗜碱微生物同时也是嗜盐菌。除了嗜盐嗜碱外，嗜碱微生物中有一些嗜冷菌株或嗜热菌株。

## 三、实验材料

### 1. 菌种

大肠杆菌（*Escherichia coli*），枯草芽孢杆菌（*Bacillus subtilis*），土壤中分离纯化的细菌菌株。

### 2. 试剂

牛肉膏，蛋白胨，琼脂，硼酸，磷酸氢二钾，氢氧化钠，柠檬酸等。

### 3. 器材

试管，培养皿，三角瓶，接种环，酒精灯，培养箱，摇床，超净工作台等。

## 四、实验步骤

### （一）培养基配制

配制牛肉膏蛋白胨液体培养基，按表 15-1 配制成不同 pH 的培养基，每支试管装 5 mL，121℃蒸汽灭菌 20～30 min，备用。

**表 15-1 不同 pH 牛肉膏蛋白胨培养基的配制**

| pH | $K_2HPO_4$（0.2 mol/L）/mL | 柠檬酸（0.1 mol/L）/mL | NaOH（0.2 mol/L）/mL | $H_3BO_3$（0.2 mol/L）/mL | 牛肉膏蛋白胨培养基/mL | 测定 pH |
|---|---|---|---|---|---|---|
| 2.8 | 0.3 | 1.7 | 0 | 0 | 8 | |
| 4.4 | 0.9 | 1.1 | 0 | 0 | 8 | |
| 5.2 | 1.1 | 0.9 | 0 | 0 | 8 | |
| 6.0 | 1.3 | 0.7 | 0 | 0 | 8 | |

续表

| pH | $K_2HPO_4$（0.2 mol/L）/mL | 柠檬酸（0.1 mol/L）/mL | NaOH（0.2 mol/L）/mL | $H_3BO_3$（0.2 mol/L）/mL | 牛肉膏蛋白胨培养基/mL | 测定 pH |
|---|---|---|---|---|---|---|
| 6.8 | 1.5 | 0.5 | 0 | 0 | 8 | |
| 7.6 | 1.9 | 0.1 | 0 | 0 | 8 | |
| 8.4 | 0 | 0 | 0.3 | 1.7 | 8 | |
| 9.2 | 0 | 0 | 0.7 | 1.3 | 8 | |
| 10.0 | 0 | 0 | 1.0 | 1.0 | 8 | |

注：牛肉膏蛋白胨培养基可先调节 pH 至 7.0，按表中方法配制得到的培养基需用 pH 计进行确认

（二）菌种活化

将培养基斜面保藏的大肠杆菌、枯草芽孢杆菌及土壤中分离的实验菌株转接到平板固体培养基上，进行菌种活化，置于 37℃培养箱中培养 24 h。要求：平板培养物无杂菌污染，并形成单菌落。

（三）接种

在无菌条件下用接种环将一个单菌落接入澄清的 10 mL 液体培养基中，每个菌株接 6 管，置于 37℃摇床内，150 r/min 条件下振荡培养。

（四）观察

分别于 3 d 和 7 d 各取出 3 个摇管，以未接种的原始澄清培养基为空白对照，在分光光度计上测定 600 nm 的光吸收值。同时肉眼观察各个摇管中液体的浑浊度。

## 五、实验结果

将测定的各个摇管中培养液光吸收值填于表 15-2 中。

**表 15-2　微生物的 pH 生长范围**

| pH | 2.8 | | 4.4 | | 5.2 | | 6.0 | | 6.8 | | 7.6 | | 8.4 | | 9.2 | | 10.0 | |
|---|---|---|---|---|---|---|---|---|---|---|---|---|---|---|---|---|---|---|
| | 3 d | 7 d | 3 d | 7 d | 3 d | 7 d | 3 d | 7 d | 3 d | 7 d | 3 d | 7 d | 3 d | 7 d | 3 d | 7 d | 3 d | 7 d |
| 大肠杆菌 | | | | | | | | | | | | | | | | | | |
| 枯草芽孢杆菌 | | | | | | | | | | | | | | | | | | |
| 实验菌株 | | | | | | | | | | | | | | | | | | |

注：表中填写 600 nm 的光吸收值，同时用肉眼观察培养液的浑浊度；“+++”表示生长最好；“++”表示生长良好；“+”表示可观察到菌落生长；“–”表示不生长

## 六、思考题

1. 嗜酸微生物和嗜碱微生物能在极端 pH 条件下生长的机制是什么？
2. pH 生长范围为什么可以作为细菌鉴定的一个指标？

## 七、参考文献

程丽娟，薛泉宏. 2000. 微生物学实验技术. 西安：世界图书出版公司：98
哈雷 JP. 2012. 图解微生物实验指南. 谢建平译. 北京：科学出版社：96-98

# 实验十六　细菌的温度生长范围测定

## 一、实验目的

1. 了解温度生长范围对细菌分类鉴定的意义。
2. 学习测定细菌温度生长范围的方法。

## 二、实验原理

微生物生长繁殖需要一定的温度，每种微生物都有其适合的生长温度范围，这主要取决于其胞内酶、质膜及核糖体组分的热敏感程度。改变温度必然会影响微生物体内所进行的多种生物化学反应。若温度超过最高温度时，微生物不生长甚至死亡；若温度低于最低温度时，微生物会进入休眠状态，也不能生长；在最适生长温度范围内，微生物代谢最活跃，表现为生长繁殖速度最快，在实验室和生产上，一般都采用最适生长温度培养目的菌株。根据最适温度的范围，将微生物分为低温菌、中温菌和高温菌 3 类（图 16-1）。

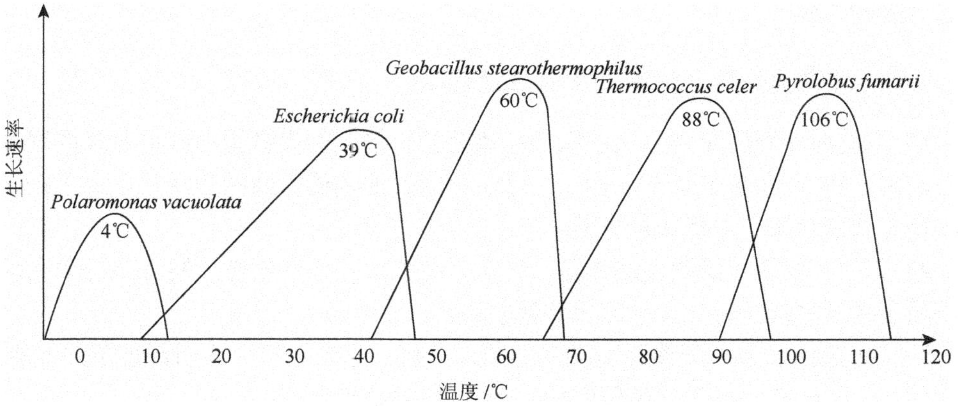


图 16-1　几种典型微生物的温度生长范围

*Polaromonas vacuolata* 空泡极单胞菌；*Escherichia coli* 大肠杆菌；*Geobacillus stearothermophilus* 嗜热脂肪芽孢杆菌；*Thermococcus celer* 速生热球菌；*Pyrolobus fumarii* 延胡索酸火叶菌

大多数细菌属于中温菌，适宜的生长温度为25～40℃，因此常在28～37℃条件下培养微生物。高温菌的最适生长温度为45～60℃，又可分为以下3种：①兼性嗜热菌，最高生长温度为40～50℃，但最适生长温度仍在中温范围内，故又称为耐热菌；②专性嗜热菌，最适生长温度在40℃以上，40℃以下则生长很差，甚至不能生长；③极端嗜热菌，最适生长温度在80℃以上，最低生长温度在40℃以上。高温菌种类很多，营养范围也非常广泛，但多数种类营异养生活，营自养生活的嗜热菌主要包括产甲烷菌和硫化菌。低温菌通常被分为两类：①嗜冷菌，必须生活在低温条件下，在0℃也可以生长繁殖，其最高生长温度不超过20℃；②耐冷菌，最高生长温度超过20℃，在0～5℃可生长繁殖。

由于温度对微生物有重要影响，微生物分类学上常使用的指标有"最适生长温度"、"最高生长温度"和"最低生长温度"，温度存活实验作为鉴定和描述菌种的一项生理特征，配合其他形态、生化、分子特征，以区别不同温度范围的种、属。

## 三、实验材料

### 1. 菌种

大肠杆菌（*Escherichia coli*），金黄色葡萄球菌（*Staphylococcus aureus*），嗜热脂肪芽孢杆菌（*Bacillus stearothermophilus*），土壤中分离纯化的细菌菌株。

### 2. 试剂

牛肉膏，蛋白胨，琼脂等。

### 3. 器材

试管，培养皿，三角瓶，接种环，酒精灯，培养箱，摇床，超净工作台等。

## 四、实验步骤

### （一）固体表面培养法测定生长温度范围

1）将斜面保藏的3种已知菌株和待测菌株转接到牛肉膏蛋白胨培养基的固体平板上，置于37℃培养箱中培养24 h。此步骤的目的是进行菌种的活化。要求：平板培养物无杂菌污染，并形成单菌落。

2）取牛肉膏蛋白胨斜面培养基12支，将大肠杆菌和嗜热脂肪芽孢杆菌在培养基斜面上蛇形划线接种。要求取单菌落接种。

3）将已接种的试管斜面分别放置在4℃、20℃、30℃、37℃ 4种温度条件下培养。

4）于48 h和72 h观察试管斜面上菌株的生长状况，并记录。

### （二）液体培养法测定生长温度范围

1）将已活化的3种已知菌株和实验菌株转接到液体培养基中，150 r/min条件下摇床振荡培养24 h。要求：培养结束后镜检观察各种细菌的细胞形态，确保无染菌现象。

2）在无菌条件下将实验菌株用接种环接入澄清的 5 mL 液体培养基中，每个菌株 3 个重复，分别放置在 4℃、20℃、30℃、37℃、45℃、65℃ 6 种温度条件下，150 r/min 摇床振荡培养。

3）于 72 h 取出摇管，以未接种的原始澄清培养基为空白对照，在分光光度计上测定 600 nm 的光吸收值。同时肉眼观察各个摇管中液体的浑浊度。

4）以相同的操作移种 3 次，记录实验结果。

## 五、实验结果

将固体表面培养法测定微生物生长温度范围的观察结果填于表 16-1 中。

**表 16-1　温度对微生物生长的影响（固体表面培养）**

| | 4℃ | | 20℃ | | 30℃ | | 37℃ | |
|---|---|---|---|---|---|---|---|---|
| | 48 h | 72 h | 48 h | 72 h | 48 h | 72 h | 48 h | 72 h |
| 大肠杆菌 | | | | | | | | |
| 金黄色葡萄球菌 | | | | | | | | |
| 嗜热脂肪芽孢杆菌 | | | | | | | | |
| 实验菌株 | | | | | | | | |

注：“+++”表示生长最好；“++”表示生长良好；“+”表示可观察到菌落生长；“–”表示不生长

将液体培养法测定微生物生长温度范围的观察结果填于表 16-2 中。

**表 16-2　温度对微生物生长的影响（液体培养）**

| | 4℃ | | | 20℃ | | | 30℃ | | | 37℃ | | | 45℃ | | | 65℃ | | |
|---|---|---|---|---|---|---|---|---|---|---|---|---|---|---|---|---|---|---|
| | 1 次 | 2 次 | 3 次 | 1 次 | 2 次 | 3 次 | 1 次 | 2 次 | 3 次 | 1 次 | 2 次 | 3 次 | 1 次 | 2 次 | 3 次 | 1 次 | 2 次 | 3 次 |
| 大肠杆菌 | | | | | | | | | | | | | | | | | | |
| 金黄色葡萄球菌 | | | | | | | | | | | | | | | | | | |
| 嗜热脂肪芽孢杆菌 | | | | | | | | | | | | | | | | | | |
| 实验菌株 | | | | | | | | | | | | | | | | | | |

注：表中填写 600 nm 的光吸收值

## 六、思考题

1. 高温菌和低温菌的最适生长温度范围分别是多少？待测菌株属于哪种类型？
2. 如何分离得到高温菌和低温菌？

## 七、参考文献

程丽娟，薛泉宏. 2000. 微生物学实验技术. 西安：世界图书出版公司：98
东秀珠，蔡妙英. 2001. 常见细菌系统鉴定手册. 北京：科学出版社：364
哈雷 JP. 2012. 图解微生物实验指南. 谢建平译. 北京：科学出版社：96-98
Michael TM. 2010. Brock Biology of Microorganisms. San Antonio：Pearson Education：134-138

# 实验十七　细菌细胞呼吸醌组分分析

## 一、实验目的

1. 了解细菌细胞呼吸醌的种类及其在微生物分类鉴定中的作用。
2. 学习从发酵液中提取呼吸醌的方法。
3. 掌握利用液相色谱分析细菌细胞呼吸醌组分的方法。

## 二、实验原理

呼吸醌（respiratory quinones）是原核生物的质膜组分，在电子传递和氧化磷酸化中起重要作用，在各类微生物中具有一定的种或属特异性，已经成为微生物化学分类的重要指标。每种细菌都有一个主要的醌类组分，一个微生物群体中醌种类和数量的不同也反映了群体组成的多样性，醌类谱已经作为细菌群体组成多样性的一个指标，被广泛应用于环境样品中微生物种群结构的解析。呼吸醌主要有泛醌（ubiquinones）和甲基萘醌（menaquinones），醌类组分中异戊二烯侧链的长度和氢的饱和度有重要的分类学意义（图 17-1）。泛醌也称为辅酶 Q，具有 2, 3-二甲氧基-5-甲基-6-多异戊烯苯醌结构，泛醌的多异戊二烯侧链结构中的异戊二烯单位数目用 Q-*n* 表示，如 Q-6、Q-7 等，常见的是 Q-6～Q-10 的 5 种分子结构，以及在此基础上的结构修饰分子，如类异戊二烯侧链的一部分为氢所饱和的泛醌。甲基萘醌具有 2-甲基-3-多异戊烯萘醌的结构，其多类戊烯侧链中的异戊二烯单位数目分别用 MK-*n* 表示，如 MK-7 等，常见的是 MK-6～MK-13 的 8 种分子结构；当多异戊烯侧链部分地为氢所饱和时，与饱和有关的氢原子数目用 MK-*n*（$H_m$）表示，如 MK-9（$H_2$）等。

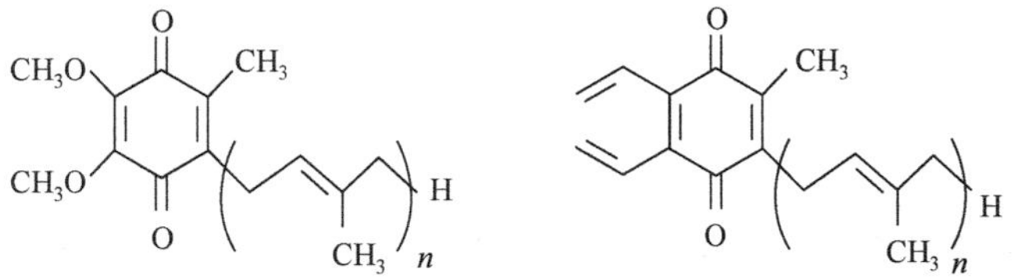


泛醌　　　　甲基萘醌

图 17-1　泛醌和甲基萘醌的结构

对呼吸醌组分进行分析时，一般先将菌体通过有机溶剂抽提和薄层层析纯化制备样品，然后再用高效液相色谱（HPLC）进行定性分析，鉴别液相色谱中的各个分离峰，可采用不同结构的醌标准品，也可以与已知的、含特定醌的模式菌株进行对照鉴定。

## 三、实验材料

**1. 菌种**

大肠杆菌（*Escherichia coli*），少动鞘氨醇单胞菌（*Sphingomonas paucimobilis*），土壤中分离纯化的细菌菌株。

**2. 培养基**

1）斜面培养基：蔗糖 10 g/L，蛋白胨 2 g/L，牛肉膏 1 g/L，琼脂 15 g/L，pH7.0～7.5。

2）种子培养基：蔗糖 10 g/L，蛋白胨 0.5 g/L，酵母粉 0.1 g/L，NaCl 0.2 g/L，pH7.0～7.5。

3）发酵培养基：蔗糖 40 g/L，蛋白胨 2 g/L，$K_2HPO_4$ 0.3 g/L，NaCl 0.1 g/L，pH7.0～7.5。

**3. 试剂**

1）醌提取试剂：氯仿，甲醇，丙酮，苯，GF254 硅胶板（青岛海洋化工公司），试剂均为分析纯。

2）HPLC 检测试剂：甲醇（色谱纯），异丙醇（色谱纯），超纯水。

**4. 器材**

培养皿，摇瓶，接种用具，恒温培养箱，旋转式摇床，旋转蒸发仪，高效液相色谱仪。

## 四、实验步骤

### （一）微生物的培养

将实验菌株活化，250 mL 三角瓶装 100 mL 种子培养基，接种后置于旋转式摇床上，180 r/min，30℃培养 24 h，得种子液。250 mL 三角瓶装 90 mL 发酵培养基，灭菌后接入 10 mL 种子液，置于旋转式摇床上，180 r/min，30℃培养 72 h 后可用于呼吸醌的提取。

### （二）呼吸醌样品的制备

**1. 收集菌体**

将培养 24 h 的 500 mL 菌液于 4℃，15 000 *g* 条件下离心 30 min，收获菌体；用无菌去离子水悬洗菌体、离心，共 3 次；将沉淀的菌体细胞真空冷冻干燥。如果暂时不进行制备，菌粉可以于 4℃避光保存备用。

**2. 呼吸醌的提取**

取冻干菌体约 100 mg，转入 250 mL 三角瓶，加入氯仿-甲醇混合液（3∶1，*V/V*），胶塞封口，在黑暗处，往复式摇床上 200 r/min 振荡 6 h。在黑暗处用滤纸过滤，收集上清液，置于旋转蒸发仪 40℃减压蒸馏至干燥（图 17-2）。用 0.5 mL 丙酮重新溶解干燥物，备用（瓶内壁会残留很多不溶性物质，由于醌可以完全溶解于丙酮之中，这些不溶物是氯仿-甲醇混合液提取出的磷脂等物质）。

图 17-2　旋转蒸发仪

### （三）呼吸醌的精制

将 20 cm×20 cm 的 GF254 硅胶板预先在 65℃活化 30 min，在硅胶板一端划线，将（二）中制备的呼吸醌样品进行长条状点样，然后置于层析缸内，以苯作展层剂，展层约 30 min。取出风干后在 254 nm 紫外灯下观察。Rf 值在 0.8 左右，紫外灯下呈暗褐色的条带即甲基萘醌；Rf 值在 0.4～0.5，紫外灯下呈暗褐色的条带为泛醌组分。（注意：紫外灯下避免长时间照射，以免呼吸醌降解）。刮下显色的条带，用 0.2 mL 丙酮溶解，然后用 0.22 μm 的细菌滤器过滤除去硅胶，收集的清液即醌类组分的丙酮溶液。置于 4℃黑暗处保存。

### （四）呼吸醌组分的高效液相色谱分析

#### 1. 洗脱剂的准备

选择色谱纯的甲醇与异丙醇作为流动相（正确准备溶剂对于高效液相色谱检测很重要，它能有效地避免鬼峰、降低基线噪声，从而提高分析能力）。配制体积比为 2∶1 的甲醇/异丙醇溶液，用 0.45 μm 滤膜过滤，以防止由于微粒存在导致流路管线堵塞，过滤后应把溶剂放在密封容器中，以防止被重新污染（过滤后的溶剂既可用于色谱分析，也可用于清洗诸如泵头、柱塞、单向和密封圈等仪器部件，最大程度地清洗好这些部件能保证系统性能良好）。

**2. 脱气**

在流动相进入 HPLC 系统之前应使用超声波脱气（注意：没有脱气的流动相进入到高压系统产生的气泡会导致系统不稳、出现鬼峰等问题）。在线连续脱气可以防止空气重新溶解在溶剂中。

**3. 色谱条件**

分析柱：C18（5 μm，250 mm×4.6 mm）。

流动相：甲醇/异丙醇（2∶1，*V*/*V*）。

流速：1.0 mL/min。

柱温：40℃。

检测波长：240 nm 和 270 nm。

进样量：10μL。

## 五、实验结果

在上述色谱条件下对已制备好的醌溶液进行检测，将待测定的醌类样品与标准品图谱对照，从而确定实验菌株的醌类组分（图 17-3）；如实验室无醌标准品，也可以用相同的方法从与实验菌株同种的已知模式菌株中提取醌，并进行对照实验。

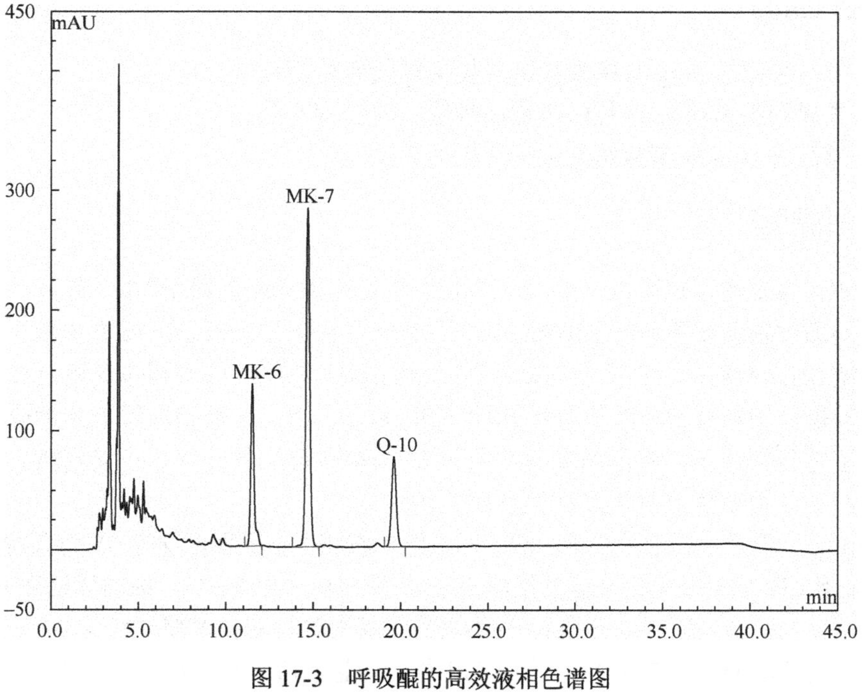


图 17-3　呼吸醌的高效液相色谱图

## 六、思考题

1. 细胞醌组分的实验结果在细菌分类鉴定中如何使用？
2. 从发酵液中提取和纯化醌组分的影响因素有哪些？
3. 除高效液相色谱检测外，还有哪些方法可以用于细胞醌组分的分析？

## 七、参考文献

驹形和男. 1989. 微生物化学分类的实验方法. 方爽译. 贵阳：贵州人民出版社：185-200
张昱，高孟春，杨敏，等. 2003. 利用液相色谱-大气压化学电离源-质谱分析活性污泥中的微生物呼吸醌. 张洪勋. 微生物生态学研究进展-第五届微生物生态学研讨会论文集. 北京：气象出版社：75-79
中国典型培养物保藏中心. 2008. 高效液相色谱检测微生物细胞醌类组分的技术规程. 武汉
Collins MD，Pirouz T，Goodfellow M. 1977. Distribution of menaquinones in actinomycetes and corynebacteria. Journal of General and Applied Microbiology，100：221-230
Tindall BJ. 1990. A comparative study of the lipid composition of *Halobacterium saccharovorum* from various sources. Systematic and Applied Microbiology，13：128-130
http：//www.stuart-equipment.com/ product. asp?dsl=61[2013-11-2]

# 实验十八　采用 Biolog 96 孔板对细菌代谢特性分析

## 一、实验目的

1. 学习采用 Biolog 对单细胞微生物生理代谢特征进行分析的方法。
2. 掌握利用 Biolog 进行微生物菌种鉴定的步骤和方法。
3. 学习对 Biolog 实验结果进行分析的方法。

## 二、实验原理

Biolog 微生物鉴定系统（Biolog）最早由美国 Biolog 公司于 1989 年开发成功，包括自动微生物鉴定系统 MicroStation、手动分析系统 MicroLog、微生物特性和生态分析系统 MicroStation 3E 及全自动系统 OmniLog。系统组成主要包括鉴定板、浊度仪、读数仪、加样器和计算机分析软件（图 18-1）。Biolog 最初应用于纯种微生物鉴定，可鉴定包括细菌、酵母和真菌在内的 2000 多种微生物，现已扩展到微生物代谢特征检测、环境微生物群落多样性分析等领域。

Biolog 主要是根据细菌对糖、醇、酸、酯、胺和大分子聚合物等 95 种碳源的利用情况进行代谢特征分析。Biolog 使用的 96 孔板横向标记为 1～12，纵向标记为 A～H。其中 A1 孔内为水，其他 95 孔是 95 种不同的碳源物质。96 孔中都含有四唑类显色物质[如氯化三苯基四唑氮（TTC）]，向微孔中接种菌悬液后培养一定时间，微生物细胞利用不同碳源进行新陈代谢产生氧化还原酶，与四唑类显色物质发生反应而导致颜色变化，通过测定每个微孔的吸光度值，即可知实验菌株对 95 种碳源物质的利用情况，或与标准菌株数据库进行比对，即可得到菌株分类的鉴定结果。用于微生物鉴定的 Biolog 微孔板有 5 种：GN2 微孔板用于鉴定革兰氏阴性好氧菌，GP2 微孔板用于鉴定革兰氏阳性好氧菌，AN 微孔板用于鉴定厌氧菌，YT 微孔板用于鉴定酵母菌，FF 微孔板用于鉴定丝状真菌。用于微生物研究的 Biolog 微孔板也分为 5 种：SF-N2 微孔板用于革兰氏阴性菌的代谢研究，SF-P2 微孔板用于革兰氏阳性菌的代谢研究，ECO 微孔板用于微生物特性和群落分析研究，MT2 微孔板用于微生物代谢研究，ES 微孔板用于大肠杆菌和沙门氏菌的研究。新开发的 GEN Ⅲ微孔鉴定板的测试反应种类进行了优化（图 18-2），鉴定板的 1～9 列可测试微生物对 71 种碳源的利用情况（A1 孔为阴性对照），10～12 列可进行其他 23 种测试（A10 孔为阳性对照），包括微生物对抗生素、渗透压、乳酸盐等的耐受性检测，可无需革兰氏染色等预实验直接用于细菌鉴定。

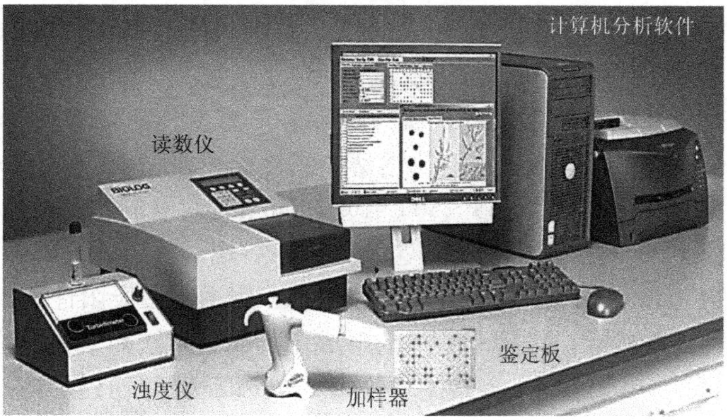


图 18-1　Biolog 微生物鉴定系统（见图版）

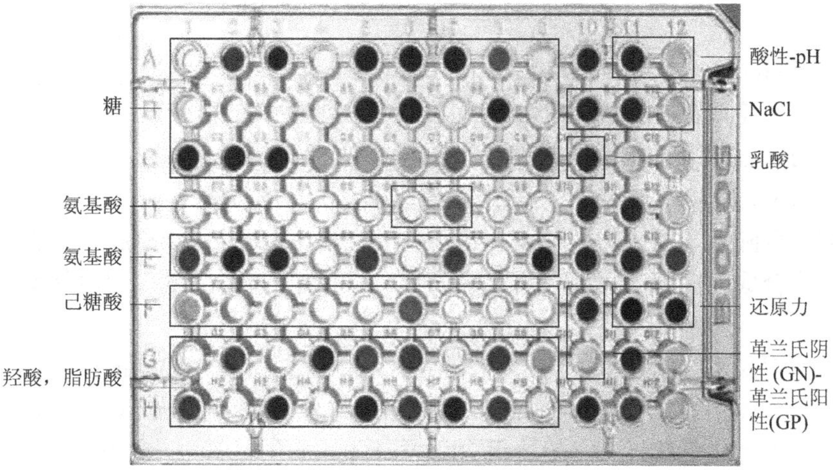


图 18-2　GEN Ⅲ 微孔鉴定板（见图版）

## 三、实验材料

**1. 菌种**

大肠杆菌（*Escherichia coli*），枯草芽孢杆菌（*Bacillus subtilis*），土壤中分离的细菌菌株。

**2. 培养基**

1）BUG（Biolog universal growth）琼脂培养基。BUG琼脂培养基是一种Biolog通用培养基，为商业化的预混粉末，用于好氧菌的平板培养，含有可提高微生物代谢活性的营养物质，可优化鉴定板的性能。其配制方法如下：①称取57 g BUG培养基，加入1000 mL蒸馏水；②煮沸溶解；③冷却后调整pH至7.3±0.1（25℃）；④121℃灭菌15 min；⑤冷却为45～50℃；⑥倒平板，备用。

2）BUA（Biolog universal anaersal）培养基，用于厌氧菌的培养，其配制方法如下：①称取60 g BUG培养基，加入1000 mL蒸馏水；②煮沸溶解；③冷却后调整pH至5.6±0.4（25℃）；④121℃灭菌15 min；⑤冷却为45～50℃；⑥倒平板，备用。

3）BUA+B（通用培养基加脱纤羊血）培养基，其配制方法如下：①称取57 g BUG培养基，加入950 mL蒸馏水；②煮沸溶解；③冷却后调整pH至7.3±0.1（25℃）；④121℃灭菌15 min；⑤冷却为45～50℃；⑥加50 mL新鲜的脱纤羊血（Biolog公司购买，血球浓度至少为40%），摇匀；⑦倒平板，备用。

4）BUA+M（通用培养基加麦芽糖）培养基，用于革兰氏阳性芽孢杆菌的培养，麦芽糖作为一种附加碳源，可抑制芽孢的形成，其配制方法如下：①称取57 g BUG培养基，加入990 mL蒸馏水；②煮沸溶解；③冷却后调整pH至7.3±0.1（25℃）；④121℃灭菌15 min；⑤冷却为45～50℃；⑥加10 mL已灭菌的麦芽糖（浓度25%）；⑦倒平板，备用。

**3. 试剂**

1）GN/GP-IF（Gram-negative/Gram-positive inoculating fluid）接种液，用于好氧菌和厌氧菌鉴定时配制的菌悬液。可保证细菌正常生长的渗透压，并使接种的细菌达到良好的分散效果，以保证接种液的均一性。

配方如下：0.40% NaCl，用于维持渗透压。0.03% 聚醚F-68，是一种非离子表面活性剂，可降低表面张力，使菌体易于分散在水中。0.02%结冷胶（一种由少动鞘氨醇单胞菌合成的多糖产物，具有增稠作用），可增大液体黏度，使菌体均匀分散不易沉降。

制备过程如下：①加0.2 g结冷胶至1 L水中；②煮沸并持续搅拌，直至结冷胶完全溶解；③停止加热，继续搅拌；④加4 g NaCl，搅拌至完全溶解；⑤加0.3 g聚醚F-68，搅拌至完全溶解；⑥分装到20 mm×150 mm的试管中，每管装19 mL左右。⑦在121℃条件下灭菌30 min，备用。

2）浓度标准液（GB-Rod SB 标准液），28%T 的浊度标准液，管规格为 20 mm×150 mm，与浊度仪的检测孔相匹配。

**4. 器材及其他**

显微镜，载玻片，无菌水，洗瓶，擦镜纸，接种用具，恒温培养箱，浊度仪，读数仪，移液器，Biolog 微生物鉴定系统及其数据库。

## 四、实验步骤

### （一）土壤中细菌菌株的分离

**1. 制备土壤稀释液**

称取土样 10 g，放入盛有 100 mL 无菌水的带有玻璃珠的三角瓶中，振荡 10 min 使土样和水充分混合，用移液器从三角瓶中吸取 1 mL（此步骤要求无菌操作），加入另一盛有 9 mL 无菌水的试管中，混合均匀，以此类推分别制成 $10^{-5}$～$10^{-1}$ 不同稀释度的土壤溶液。

**2. 涂布培养**

以 $10^{-3}$ 和 $10^{-5}$ 两个浓度的土壤稀释液作为涂布平板培养的溶液，将其分别涂布在牛肉膏蛋白胨培养基中，标号，在 30℃恒温培养箱培养 48 h。

**3. 划线分离**

对土壤溶液中的微生物培养物进行观察，记录一种可明显区分的细菌菌落特征。挑取此种细菌的单菌落在新的培养基中划线培养，标号，在 30℃恒温培养箱培养 48 h（要求对划线培养物进行染色和镜检，观察到的菌株细胞形态应一致，以确保后续实验的准确性）。

### （二）土壤中细菌菌落观察及革兰氏染色鉴别

**1. 菌落形态观察**

从划线培养的平板上观察和描述细菌生长的菌落大小和特征，挑取典型菌落，转接到牛肉膏蛋白胨斜面培养基上，在 30℃恒温培养箱培养。

**2. 革兰氏染色观察**

通过革兰氏染色和镜检观察，确定实验菌株是阳性菌还是阴性菌，是杆菌还是球菌，并以大肠杆菌和枯草芽孢杆菌为实验对照菌株，以确保革兰氏染色结果的准确性。

### （三）在专用培养基平板上扩大培养

利用接种环挑取实验菌株，将纯种菌株在相应的 Biolog 专用培养基上划线，进行平板扩大培养，细菌的最长培养时间为 24 h（菌株的扩大培养应该用 Biolog 推荐的培养基和培养条件，以便使微生物达到最佳的代谢活性，进而准确地与数据库中的代谢模式匹配；应确保微生物处于对数生长期，因为一些菌株在达到稳定期时会失去生存能力或代谢活性，推荐的培养周期为 4～24 h）。

### （四）制备菌悬液

调整浊度前需要先校正浊度仪，将装有 GN/GP-IF 空白液的试管外壁擦拭干净，置于浊度仪中，调整指针至 100%T。用 GB-Rod SB 标准液检查浊度仪的准确性，读数应该为 28%T±3%T。制备菌悬液，将装有菌悬液的试管外壁擦干净，放进浊度仪，使菌悬液浓度与标准液有相同的浊度，若浊度偏高，继续加 GN/GP-IF 空白液，直至达到要求的浊度（Biolog 鉴定的原理与氧含量相关性大，菌悬液的浓度会影响氧含量，由于 Biolog 数据库是在一定的菌悬液浓度下建立的，为获得准确的鉴定结果，必须严格控制接种菌悬液的浊度）。

### （五）接种并在微孔板中培养

将调整好浊度的菌悬液倒入“V”型加样槽中，用八道移液器将菌悬液接种于微孔板的 96 孔中，每孔 150 μL。培养过程中，可准备一个塑料容器，在底部铺上湿纸巾，把微孔板放在纸巾上，可以防止鉴定板外缘微孔中的水分蒸发。

### （六）读取结果

培养结束后，把微孔板放在 Biolog MicroStation 读数仪的支架上，对读数仪进行初始化，输入微孔板的信息和培养时间。按照仪器说明进行操作，读数仪扫描微孔板后，微孔板自动弹出，结果即显示在电脑屏幕上。GN 和 GP 数据库是动态的，菌株总是先利用最适碳源并最先造成微孔中的颜色变化，而且颜色变化也更显著；对非最适碳源则利用较慢，微孔中的颜色变化慢，且颜色变化也没有最适碳源显著。对于好氧菌，微孔板培养 4～6 h 可以进行一次读数，过夜培养（16～24 h）可再进行一次读数，慢生细菌可以适当延长培养时间并增加测定次数。厌氧菌在培养 20～24 h 后进行一次读数即可。

### （七）结果解释

读数结果中白色圆点表示阴性结果，紫色圆点表示阳性结果，白色和绿色各一半表示临界值。如果鉴定结果与数据库匹配好，鉴定结果显示在绿色状态条上。如果某个微孔与标准数据库不匹配，会以“+”显示。如果鉴定结果不可靠，结果栏显示黄色，显示“NO ID”，并按照可能性从大到小在滚动栏中列出多个可能的结果。

Prob（Probability）提供鉴定结果的比较参数；Sim（Similarity）表示相似性，显示样品与数据库中的种之间的匹配程度；Dis（Distance）表示位距，显示样品与数据库中的种之间的不匹配程度。

鉴定结果中实验菌株种的判断：“+”表示样品和数据库的匹配程度≥80%；“–”表示样品和数据库的匹配程度≤20%。

对于一些不能在标准培养基上生长的细菌，可以将供试菌和参比模式菌在它们适合的培养基上活化和培养，再进行鉴定，比较分析结果的异同，以达到鉴定菌种的目的。

## 五、实验结果

1. 绘出从土壤中分离菌株的菌落形态和在油镜下的细胞形态图，并描述其形态特征和革兰氏染色结果。

2. 写出分离菌株的 96 微孔板实验结果和 Biolog 鉴定结果。

3. 分析影响鉴定结果的因素，如果实验结果与 Biolog 数据库匹配度不理想，分析其可能的原因。

## 六、思考题

1. 实验过程中为什么一定要严格控制接种液的浊度？

2. 为什么一定要用 Biolog 的专用培养基进行菌株的扩大培养？

3. 利用 Biolog 鉴定系统能 100%保证将细菌鉴定到种吗？如果不能，还需要进行什么实验才能将菌株鉴定到种？

4. 如何进行 96 孔鉴定板的保存与质量鉴定？

## 七、参考文献

沈萍. 2007. 微生物学实验. 北京：高等教育出版社：226-230

宋存江. 2012. 微生物发酵工程综合实验原理与方法. 天津：南开大学出版社：100-106

王曙光. 2008. 环境微生物研究方法与应用. 北京：化学工业出版社：154-186

http: //www.iul-instruments.de/ mikrobiologie/identifizierungssystem-fuer-mikroorganismen/biolog-gen-iii/〔2013-11-18〕

http: //www.rigel-ls.com/?page_id=182〔2013-11-18〕

# 实验十九　细菌脂肪酸含量的测定

## 一、实验目的

1. 学习细菌脂肪酸提取方法。

2. 学习气相色谱法测定细菌脂肪酸含量。

## 二、实验原理

细菌细胞脂肪酸是与细菌生物学特性密切相关的重要组分，实验室研究发现细菌中有 300 多种脂肪酸，这使脂肪酸图谱分析成为分类鉴定的重要指标。脂肪酸分析最常用的方法是脂肪酸甲基酯（fatty acid methyl ester，FAME）方法。FAME 方法的原理是基于脂类几乎是所有生物细胞膜的重要组成部分，不同微生物细胞膜上往往具有不同的磷脂脂肪酸（phospholipid fatty acids，PLFA）组成和含量水平，其含量和结构具有种属特征或与其分类位置密切相关，能够标志某一类或某种特定微生物的存在，是一类最常见的生物标记物。但是古菌不能使用 FAME 图谱进行分析，因为它的极性脂质是以醚而不是酯键的形式出现。此外，磷脂不能作为细胞的储存物质，一旦生物细胞死亡，其中的磷脂化合物就会马上消失。因此，磷脂脂肪酸可以代表微生物群落中“存活”的那部分群体。PLFA 周转迅速，对环境因素的变化敏感。

FAME 图谱分析首先是要将磷脂脂肪酸提取出来，随后将磷脂脂肪酸甲基化转化成脂肪酸甲酯，最后利用标记脂肪酸，通过气相色谱等仪器进行分析，得到样品的磷脂脂肪酸组成图谱，进而得到不同脂肪酸的含量和种类，即 FAME 图谱。根据图谱中脂肪酸甲酯的多样性，利用相关的数据库和相关的计算机分析软件，便可鉴定出样品中微生物的种类或得到样品中微生物群落结构组成多样性、比例及微生物生物量等方面的信息。对于该研究，主要是通过气相色谱（gas chromatography，GC）及含有脂肪酸样品数据库的分析软件联用实现的，由于脂肪酸本身挥发性较小，要将脂肪酸甲基化转化成脂肪酸甲酯以增加脂肪酸的挥发性，供 GC 分析利用。

MIDI Sherlock 是广泛应用于菌种鉴定和群落分析的全自动微生物鉴定系统，由全自动微生物鉴定系统（microbial identification system）和全自动分枝杆菌鉴定系统（mycobacteria identification system）两个系统组成，是一套根据微生物中特定短链脂肪酸（C9～C20）的种类和含量（定性和定量）对微生物进行鉴定和分析的软件。系统由硬件气相色谱仪 GC（gas chromatography）和软件 MIDI（microbial databases）构成。

## 三、实验材料

### 1. 实验菌株

根瘤菌（*Rhizobium* spp.和 *Bradyrhizobium* spp.）菌株若干，活化的菌体四区划线法（图 19-1）接种于 YMA 平板培养基上，28℃培养到对数生长后期收获，保证每批测试样品都在同一生长时期，否则测试结果没有可比性。

### 2. 培养基及试剂

1）YMA 固体培养基，配方见附录 1。

2）试剂如下。

试剂 1——皂化试剂：45 g 氢氧化钠溶于 150 mL 甲醇和 150 mL 去离子水的混

合液中，搅拌至完全溶解。

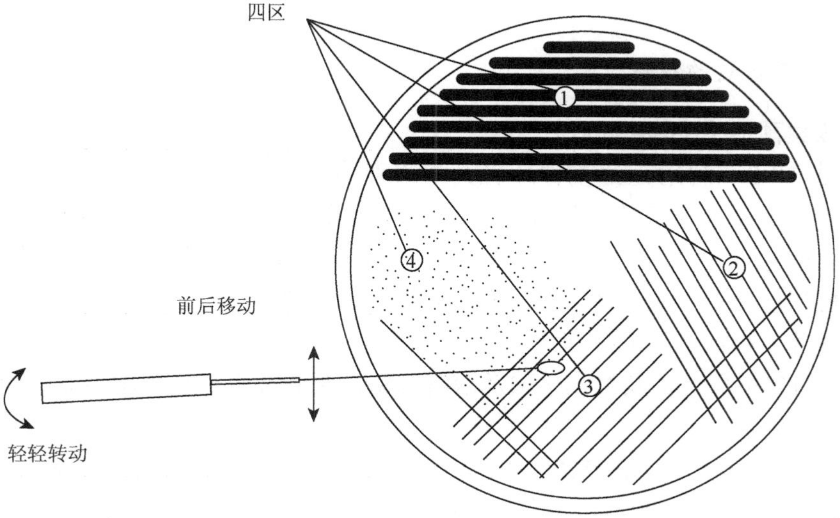


图 19-1　四区划线法示意图

试剂 2——甲基化试剂：6.00 N 的 325 mL 浓盐酸，溶于 275 mL 甲醇中。

试剂 3——萃取溶剂：200 mL 正己烷（气谱级）与 200 mL 甲基叔丁基醚（气谱级）混合均匀。

试剂 4——碱洗涤：10.8 g 氢氧化钠溶于 900 mL 去离子水中。

注意：

①试剂 1 和试剂 4 是腐蚀性的，试剂 2 是酸性的，全程配戴安全眼镜及手套，试剂 3 是可燃性的，必须储存在良好的通风橱中或溶剂排气柜中，在使用前熄灭所有的火焰或热源，操作在通风橱进行。

②试剂应准备在干净、棕色及可标记的玻璃瓶子中，盖子密封性好。

③公司购置的盐酸浓度为 12.0 N（浓度 36%～38%），本实验需要的是 6.0 N 的盐酸，因此需要将公司购置的盐酸稀释 1 倍。盐酸只能保存在玻璃瓶中。

④试剂的保存及有效期限。建议试剂使用期限为 30 d。使用 Teflon-lined 盖子，可在瓶中保存在室温条件下，所有试剂必须标出配制日期和过期日，在干净的容器中储存吸管。不使用时，将吸管从试剂瓶移开并彻底清洁。

3）脂肪酸标准液（购买）。

**3. 主要仪器及软件**

恒温培养箱，水浴锅，Agilent Technologies 7820A GC System（气相色谱仪），全气功空气泵，MIDI Sherlock 微生物自动进样系统和 TSBA6 数据库等。

## 四、实验步骤

### （一）脂肪酸的提取

**1. 收集菌体（harvesting）**

见图 19-2，利用无菌接种环轻刮培养皿表面菌落，放入一个干净、干燥的 13 mm×100 mm 有螺旋盖的培养试管（进口螺纹样品瓶）底部，在管壁上用记号笔标记菌株号或菌株编号。保持每管 40～60 mg 湿重的菌落，避免菌体太多导致提取物浓度太高还需稀释，增加不必要的工作量。

**2. 皂化（saponification）**

强烈的含甲醇试剂及加热杀菌及溶解细菌，脂肪酸将被从细胞的脂质切割并形成脂肪酸钠盐。

注入（1.0±0.1）mL 的试剂 1 到每个样品管中，干净的螺旋盖子锁紧每个试管，振荡试管 5～10 s，将所有样品管放在试管架上，放入 95～100℃的沸水或循环水的水浴中。5 min 后，从沸腾的水中移开试管并轻微地冷却它，不要打开盖子，振荡每支试管 5～10 s 再放试管回水浴中（此刻是否有气泡在试管中升起是判断试管是否漏损的证据，再拧紧有漏的试管的盖子，如果继续发泡，样品必须在室温下降温到室温，然后转移到新的培养试管中）。继续在水浴中加热这些试管 25 min。皂化在水浴中总共约 30 min，移开和放置试管架至室温或自来水管下冲洗冷却。不建议使用冰水。

注意：加热已锁紧的试管会产生压力，有划伤或裂缝玻璃制品容易破裂，建议加热时利用化学安全盖或利用塑料盾，全程穿戴安全护目镜。

**3. 甲基化（methylation）**

甲基化过程是转换脂肪酸成甲基酯脂肪酸（fatty acid methyl esters），以增加脂肪酸的挥发性以供分析利用。

开盖加入（2.0±0.1）mL 试剂 2，注入每个试管，拧紧盖子振荡液体 5～10 s，因为试剂过量，也许会形成盐颗粒。如果此时的样品非常浓稠，说明菌体太多。（80±1）℃水浴加热试管（10±1）min。移开且快速冷却至室温：利用一槽冷水或自来水龙头水，不建议使用冰水，摇晃试管以加速冷却过程。

注意：在此期间超过时间和温度会改变脂肪酸性质，需格外注意。

**4. 萃取（extraction）**

液体的萃取过程是将甲基脂肪酸从酸性水溶液移出，转移到有机的试剂中。

加入（1.25±0.1）mL 的试剂 3 萃取溶剂在每个试管中，盖紧盖子，放这些试管在一个旋转器上或手摇温和混合旋转 10 min。打开管盖，利用干净的玻璃滴管取出每个样品下层水相并丢弃。

**5. 洗涤（wash）**

加入基本洗涤液到样品的前处理管中，以从有机的萃取物中移去自由的脂肪酸和剩余试剂。剩余试剂将会损坏色谱分析系统，会引起氢化甲基酯脂肪酸（hydroxy fatty acid methyl esters）的损失。

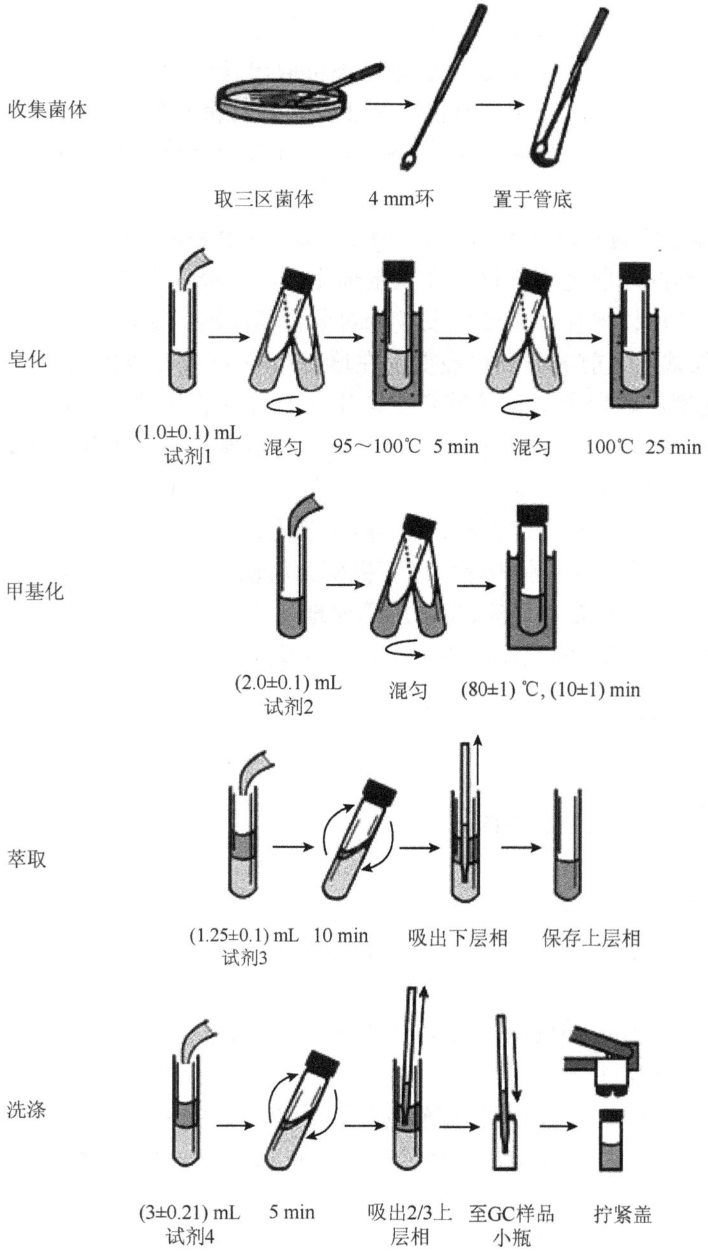


图 19-2 脂肪酸提取流程图

加入（3.0±0.21）mL 试剂 4 至每个试管，并拧紧盖子，利用旋转的方式温和地振荡试管 5 min，在 2000 r/min 离心约 3 min，至中间层呈现乳状液，使两层液面界面更清楚。

注意：在加入试剂前检试萃取试管和水温。

萃取物移至样品小瓶：将样品小瓶标号，打开每个试管的盖子，每个样品使用一个干净的玻璃滴管，从每支试管中移出上层有机体约 2/3 到干净的 GC 样品小瓶。两层的液面有时会不易看见，必须小心，不可取出任何似水相部分（下面）进入自动的样品小瓶。一定旋紧盖子在样品小瓶上，避免样品挥发。

注意：具螺旋盖子的样品小瓶与萃取瓶购自同一公司。利用实验室专用笔标示样品小瓶，胶带标示不可靠。

**6. 延迟样品前置处理（delay during sample preparation）**

理想的样品的萃取过程必须持续以全部完成。如果有必要延迟样品处理的步骤，有几个步骤或许可以停住，以便引发较少对分析脂肪酸的影响。

1）在加入试剂 1 前的样品可被保存在培养箱中 1～2 h 或快速冷冻。如果有大量的样品要被处理，将培养皿从培养箱中取出一小群并收集菌种，然后将样品放在样品前处理试管中，放回有同一批测试的培养皿的培养箱中。当所有的培养皿都完成菌体收集过程，取出所有的试管再做皂化处理。

2）经过甲基化后必须立即萃取，不能被延迟。

3）在萃取过后，移开水相部分，有机部分可以放置于冰箱的冷藏室过夜。

4）样品在基本洗涤（试剂 4）中应迅速地移开上层。

5）液体保存在 GC 样品小瓶中，可以冷藏数天。

### （二）脂肪酸的测定

**1. 开机**

1）打开 $H_2$、$N_2$ 气罐总压阀。

2）打开空气泵。

3）打开气相色谱仪。

4）打开计算机，插入密码锁于计算机主机的 U 盾插口。

**2. 设置参数**

1）打开桌面上的“Sherlock Sample Processor”图标，编辑样品名称，选择数据库 RTSBA6（图 19-3）。

“Sherlock Sample Processor”编辑完毕后，点击“Stop At End”图标，表明待样品测定开始后，软件将自动调用安捷伦 ChemStation 进行检测，整个过程全部自动完成。可过夜连续检测。Batch 开始后，先测两针标准品，通过后才开始检测样品，每测 11 个样品后自动检测一针标准品。有效地保证检测质量。

2）调用安捷伦（Agilent）软件。点击桌面上的“仪器 1 联机”图标（图 19-4）。

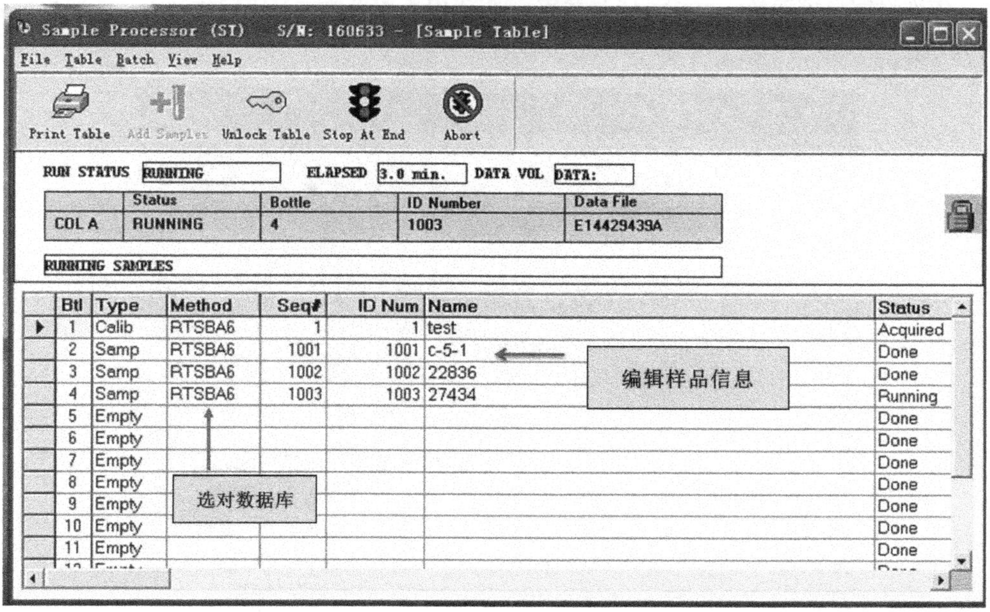


图 19-3

编号 1 的“Calib”代表标准样，用于校正实验误差；“Method”可以用于选择样品数据库，本实验选择 RTSBA 6；“Seq# ”和“ID Num”自动生成；“Name”栏内可以对自己的样品加以标注；“Status”表示样品的状态；“Done”代表已完成或者不需要检测

图 19-4

点击“GC 仪器图表”图标。

依次设置系统参数、自动进样器参数，如图 19-5 黑框所示。进样量 2uL，其他数据见图 19-5。

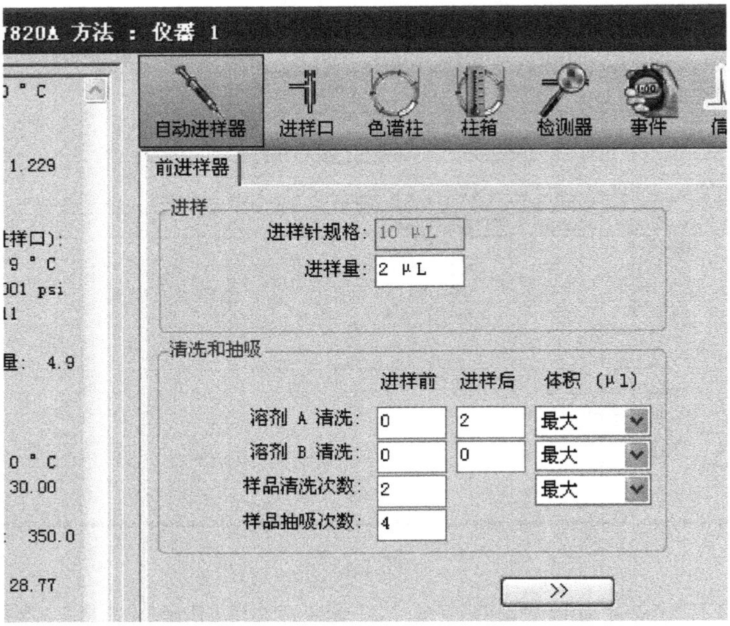


图 19-5

进样口参数设置（图 19-6）。

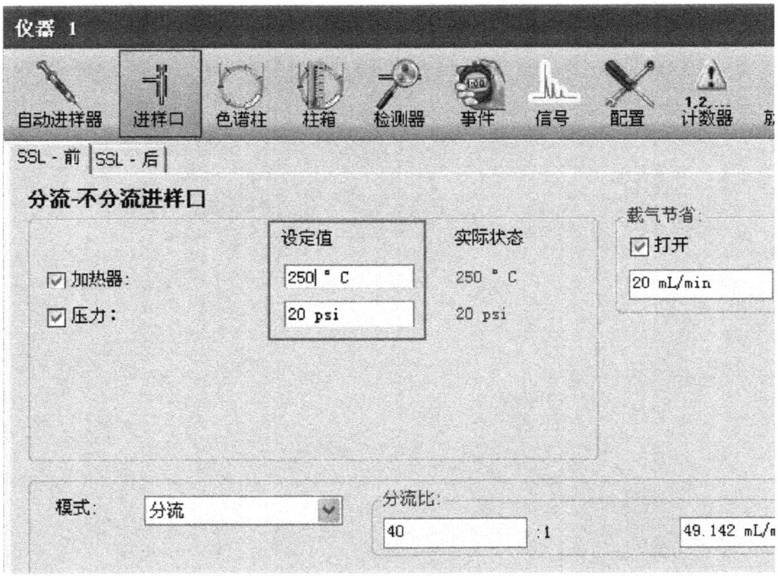


图 19-6

色谱柱参数设置（图 19-7）。

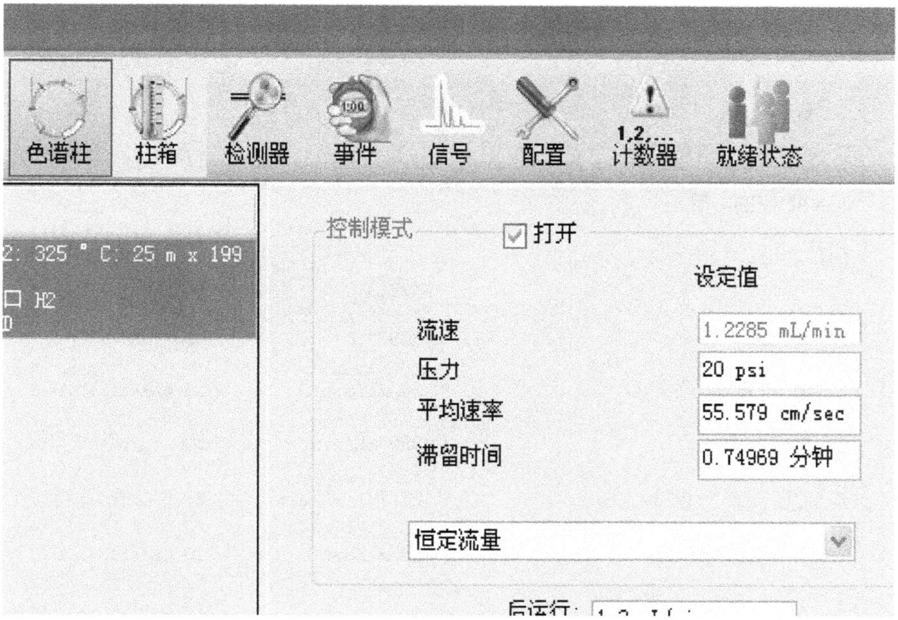


图 19-7

柱箱参数设置（图 19-8）。

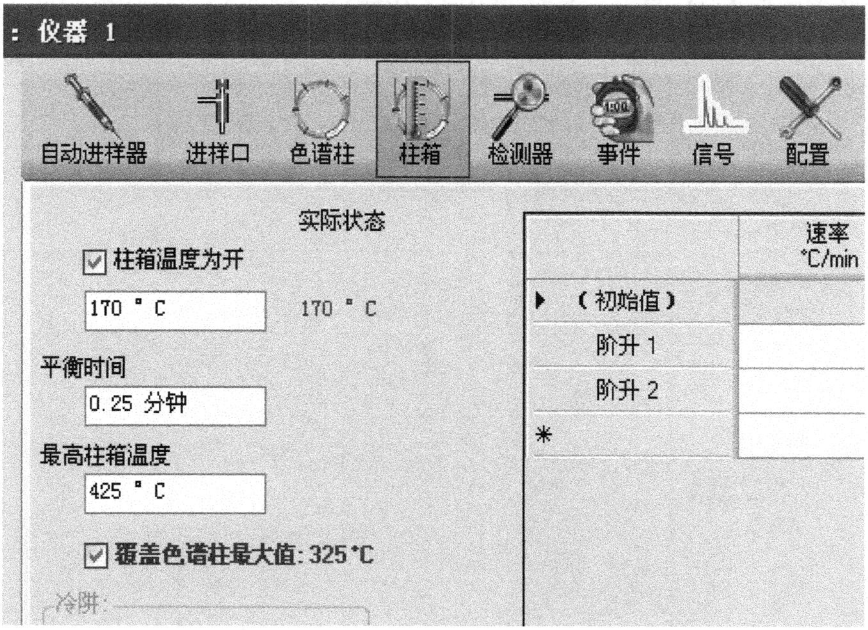


图 19-8

检测器参数设置（图 19-9）。

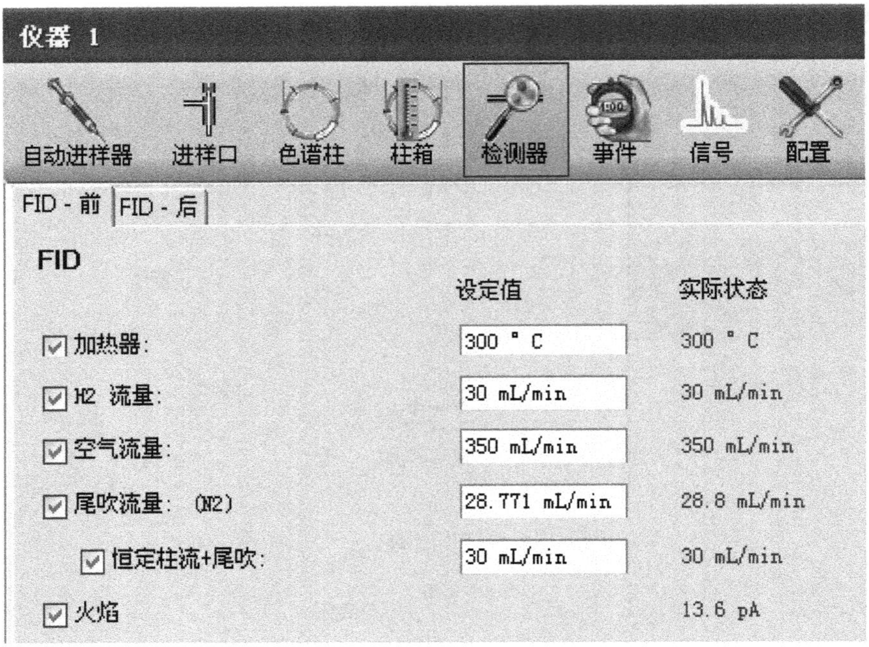


图 19-9

参数设置完成后，点击“变更”（图 19-10）。

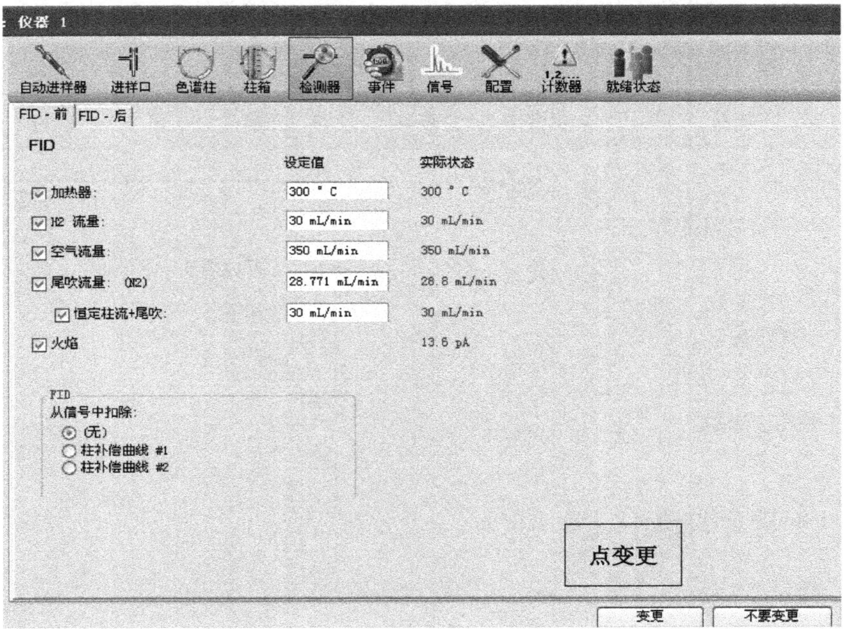


图 19-10

待温度上升到系统温度后，左上方由“未就绪”变为“就绪”状态后，表示仪器已准备就绪（图 19-11）。

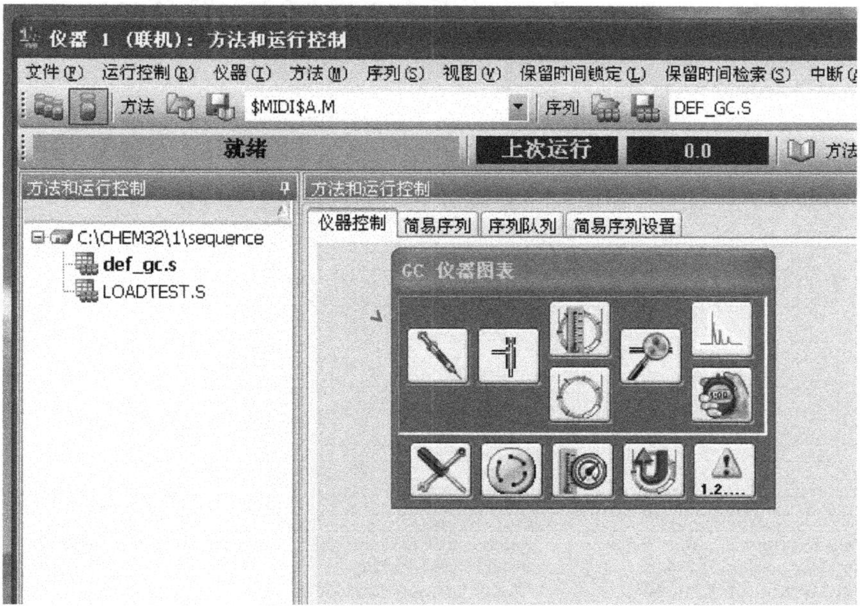


图 19-11

### 3. 样品准备

在气谱仪的前进样口的样品放置盘中，依次放入事先准备好的样品 GC 样品小瓶。样品小瓶孔 A、B 放置正己烷洗液瓶，W 放置废液回收瓶。在 1 号位置放入标准品瓶，2～16 号依次放置自己提取的脂肪酸样品小瓶（图 19-12）。

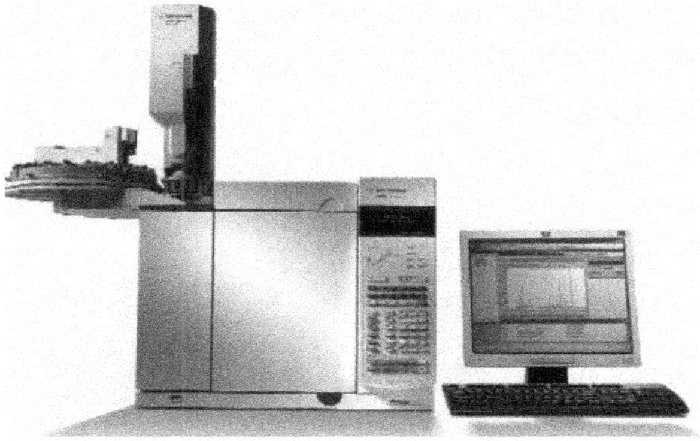

图 19-12 Agilent Technologies 7820A GC System

### 4. 样品分析

等到气谱仪的温度达到所设的标准温度后，仪器开始自行校准并分析样品。每

5 min 完成一个样品测定，检测完成后，生成 Report 文件（Word 格式），可以选择每个样品检测完生成或者是整个 Batch 检测完毕后批量生成。结果会自动保存到相应硬盘 Midi Data 文件夹，报告文件是 SEQ 格式文件（图 19-13）。

Sample Profile Information

| RT | Response | Ar/Ht | RFact | ECL | Peak Name | Percent | Comment1 | Comment2 |
|---|---|---|---|---|---|---|---|---|
| 1.572 | 4.662E+8 | 0.025 | ---- | 7.039 | SOLVENT PEAK | ---- | < min rt | |
| 3.005 | 752 | 0.026 | 1.147 | 10.000 | 10:0 | 0.12 | ECL deviates 0.000 | Reference 0.001 |
| 4.051 | 21604 | 0.028 | 1.050 | 11.418 | 10:0 3OH | 3.23 | ECL deviates -0.004 | |
| 4.571 | 25989 | 0.031 | 1.022 | 12.000 | 12:0 | 3.78 | ECL deviates 0.000 | Reference 0.001 |
| 5.067 | 485 | 0.032 | 1.005 | 12.440 | 11:0 3OH | 0.07 | ECL deviates 0.002 | |
| 5.931 | 39276 | 0.034 | 0.981 | 13.172 | 12:0 2OH | 5.49 | ECL deviates -0.005 | |
| 6.080 | 390 | 0.034 | 0.979 | 13.282 | 12:1 3OH | 0.05 | ECL deviates -0.006 | |
| 6.304 | 37276 | 0.035 | 0.975 | 13.449 | 12:0 3OH | 5.17 | ECL deviates -0.005 | |
| 7.046 | 2879 | 0.036 | 0.964 | 13.999 | 14:0 | 0.40 | ECL deviates -0.001 | Reference 0.001 |
| 9.915 | 63927 | 0.043 | 0.948 | 15.813 | Sum In Feature 3 | 8.63 | ECL deviates -0.009 | 16:1 w7c/16:1 w6c |
| 10.225 | 218661 | 0.040 | 0.948 | 16.001 | 16:0 | 29.50 | ECL deviates 0.001 | Reference 0.002 |
| 11.311 | 445 | 0.044 | 0.947 | 16.631 | 17:0 iso | 0.06 | ECL deviates 0.001 | Reference 0.002 |
| 11.585 | 2067 | 0.045 | 0.947 | 16.790 | 17:1 w8c | 0.28 | ECL deviates -0.002 | |
| 11.747 | 8563 | 0.047 | 0.947 | 16.884 | 17:0 cyclo | 1.15 | ECL deviates -0.004 | |
| 11.945 | 2943 | 0.043 | 0.947 | 17.000 | 17:0 | 0.40 | ECL deviates 0.000 | Reference 0.000 |
| 13.203 | 3105 | 0.045 | 0.947 | 17.716 | Sum In Feature 5 | 0.42 | ECL deviates -0.004 | 18:2 w6,9c/18:0 ante |
| 13.291 | 10669 | 0.045 | 0.947 | 17.767 | 18:1 w9c | 1.44 | ECL deviates -0.002 | |
| 13.389 | 256140 | 0.047 | 0.947 | 17.822 | Sum In Feature 8 | 34.55 | ECL deviates -0.001 | 18:1 w7c |
| 13.700 | 7291 | 0.049 | 0.947 | 17.999 | 18:0 | 0.98 | ECL deviates -0.001 | Reference -0.001 |
| 15.270 | 30200 | 0.045 | 0.945 | 18.898 | 19:0 cyclo w8c | 4.07 | ECL deviates -0.004 | |
| 16.118 | 1069 | 0.068 | 0.943 | 19.388 | 20:4 w6,9,12,15c | 0.14 | ECL deviates -0.007 | |
| 16.722 | 467 | 0.040 | 0.940 | 19.737 | 20:2 w6,9c | 0.06 | ECL deviates 0.005 | |
| ---- | 63927 | --- | ---- | ---- | Summed Feature 3 | 8.63 | 16:1 w7c/16:1 w6c | 16:1 w6c/16:1 w7c |
| ---- | 3105 | --- | ---- | ---- | Summed Feature 5 | 0.42 | 18:2 w6,9c/18:0 ante | 18:0 ante/18:2 w6,9c |
| ---- | 256140 | --- | ---- | ---- | Summed Feature 8 | 34.55 | 18:1 w7c | 18:1 w6c |

ECL Deviation: 0.004　　Reference ECL Shift: 0.001　　Number Reference Peaks: 7
Total Response: 735705　　Total Named: 734201
Percent Named: 99.80%　　Total Amount: 706575

Summary Area

图 19-13

## 5. 关机

当样品分析结束后，在柱箱控制面板上设置温度：柱箱 40℃；进样口 80℃；检测器 80℃。等温度降到设置温度以下，关闭软件“仪器 1 联机”，出现对话框“是否保存”，单击“否”，关闭“Sherlock Sample Processor”，关闭气相色谱仪的左下角白色按钮，然后按顺序关闭空气泵，关闭氮气，最后关闭氢气。

脂肪酸提取与测定流程见图 19-14。

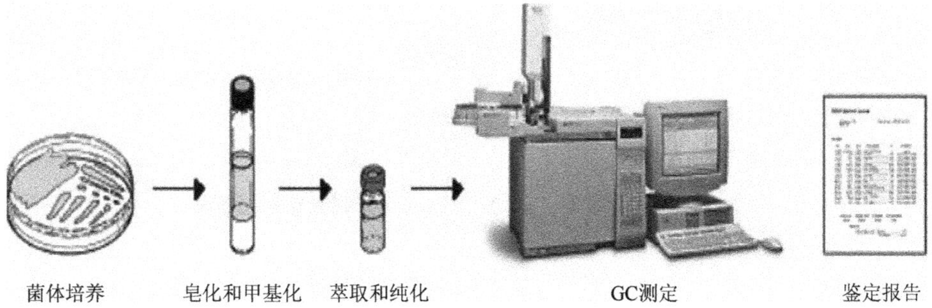


图 19-14　脂肪酸提取与测定流程

## 五、实验结果

1. 打印出脂肪酸测定结果报告。
2. 比较分析不同根瘤菌菌株的脂肪酸种类和含量异同。

## 六、思考题

1. 脂肪酸含量测定在细菌分类鉴定中的作用是什么?
2. 影响脂肪酸测定的关键因素有哪些? 实验中应注意哪些问题?

## 七、参考文献

Sasser M. 1990. Identification of bacteria by gas chromatography of cellular fatty acids. Sasser M. Technical Note 101. Newark，DE：Microbial MIDI Inc

Tighe SW，de Lajudie P，Dipietro K，et al. 2000. Analysis of cellular fatty acids and phenotypic relationships of *Agrobacterium*，*Bradyrhizobium*，*Mesorhizobium*，*Rhizobium* and *Sinorhizobium* species using the Sherlock Microbial Identification System. Int J Syst Evol Microbiol，50：787-801

# 第二章　遗传学特征鉴定方法

## 实验二十　16S rRNA 基因序列测定

### 一、实验目的

1. 掌握 PCR 扩增基因的基本方法。
2. 了解 16S rRNA 用于细菌鉴定的基本程序。

### 二、实验原理

随着分子生物学的迅速发展，细菌的分类鉴定从传统的表型、生理生化分类进入各种基因型分类水平。16S rRNA 为原核生物核糖体中一种核糖体 RNA。目前，在细菌的系统分类学中研究最有用的和最常用的分子钟是 rRNA，其种类少，含量大（约占细菌 RNA 含量的 80%），分子质量大小适中，存在于所有的生物中，特别是其进化具有良好的时钟性质，在结构与功能上具有高度的保守性，素有“细菌化石”之称。rRNA 在大多数原核生物中都具有多个拷贝，5S rRNA、16S rRNA 和 23S rRNA 的拷贝数相同，16S rRNA 由于大小适中，约 1.5 kb，既能体现不同细菌属之间的差异，又能利用测序技术来较容易地得到其序列。因此，16S rRNA 序列测定分析更适用于确定属及属以上分类单位的亲缘关系。利用 16S rRNA 恒定区序列特别保守的特点，在恒定区上设计引物，将细菌 16S rRNA 扩增出来，读取 16S rRNA 序列，对不同细菌的 16S rRNA 进行同源性比较及分析。

将所测序结果与 GenBank 中储存的相关序列进行比对，计算被分析细菌与已知种类的遗传距离，以确定其系统发育分类地位和分类水平，一般认为 16S rRNA 序列分析有助于细菌属以上水平的分类。通常，16S rRNA 相似性< 97%，且在进化树上形成稳定的独立分支，又具有特征性碱基，基本可以作为种的界限；而 16S rRNA 似性< 95%，且在进化树上形成稳定的独立分支，又具有特征性碱基，基本可以作为属的界限。

## 三、实验材料

**1. 菌种和质粒**

根瘤菌（*Rhizobium* sp.），大肠杆菌 DH5α（*Escherichia coli* DH5α），pGEM-T 载体。

**2. 培养基**

1）YMA 固体培养基，配方见附录 1。

2）LB 液体培养基：蛋白胨 10.0 g，酵母膏 5.0 g，NaCl 10.0 g，蒸馏水 1000 mL，pH7.0，121℃灭菌 30 min。

3）含氨苄西林（100 μg/ mL）、异丙基 β-D-硫代半乳吡喃糖苷（ITPG）和 5-溴-4 氯-3-吲哚-β-D-半乳糖苷（X-Gal）的 LB 固体培养基。

**3. 细菌通用引物**

27F：5′-AGA GTT TGA TCC TGGCTC AG-3′。

1495R：5′-CTA CGG CTA CCT TGT TAC GA-3′。

**4. 试剂和溶液**

琼脂糖，*Taq* DNA 聚合酶，dNTP，T4 DNA 连接酶，X-Gal 溶液，ITPG 溶液，限制性内切酶 *Sph* Ⅰ和 *Pst* Ⅰ，10×上样 buffer，胶回收试剂盒，质粒提取试剂盒。

**5. 仪器**

PCR 仪，电泳仪，电泳槽，紫外检测仪，恒温培养箱等。

## 四、实验步骤

### （一）菌体培养

大肠杆菌 DH5α 菌株经 LB 固体培养基活化后，转接于 5 mL 灭过菌的 LB 液体培养基中，根瘤菌经 YMA 固体培养基活化后接种于 5 mL 灭过菌的 YMA 液体培养基中，置于 28℃，转速为 150 r/min 的摇床上振荡培养至对数中后期，镜检确定无杂菌污染后，5000 r/min 离心收集菌体。

### （二）细菌基因组 DNA 提取

收集得到的菌体用 10 mmol/L Tris-HCl 洗涤 3 次，再用溶菌酶破壁，蛋白酶处理，然后用苯酚/氯仿/异戊醇抽提、乙醇沉淀、风干，最后溶于超纯水中。用 1%琼脂糖凝胶电泳和核酸蛋白检测仪检测 DNA 样品的质量。

DNA 提取方法具体如下。

1）菌体收集：取 1.5 mL 培养至对数中后期的菌液，12 000 r/min 离心 5 min，弃去上清，收集菌体。

2）裂解：加入 50 μL 50 mg/mL 溶菌酶，37℃处理 1 h。每管加入 200 μL 裂解缓

冲液[缓冲液中含（终浓度）40 mmol/L Tris-HCl，20 mmol/L pH 8.0 乙酸钠，1 mmol/L 乙二胺四乙酸（EDTA），1%十二烷基硫酸钠（SDS）]，用枪头迅速抽吸以悬浮和裂解细菌细胞。

3）每管加入 66 μL 5 mol/L NaCl，充分混匀后，12 000 r/min 离心 10 min，去除蛋白复合物及细胞壁等杂质。

4）将上清转入新的 1.5 mL 的离心管中，加入等体积的苯酚/氯仿/异戊醇（25∶24∶1），上下颠倒混匀后，12000 r/min 离心 5 min。

5）小心吸取上清于新的 1.5 mL 的离心管中（注意不要吸到蛋白膜），重复步骤 4）。

6）小心吸取上清于新的 1.5 mL 的离心管中，加入两倍体积的预冷的无水乙醇沉淀，4℃、12 000 r/min 离心 15 min，弃去上清。

7）加入 400 μL 70%乙醇洗涤沉淀，两次。

8）自然干燥至无乙醇后，加入 50 μL TE 或超纯水 4℃过夜溶解 DNA，DNA 溶解后于–20℃保存。

### （三）DNA 纯度和浓度的检测

使用 NanoDrop ND-1000 微量核酸蛋白质检测仪（图 20-1）进行检测，用 $ddH_2O$ 初始化，用 0.1×SSC 溶液调零，吸取 1.5 μL 待测 DNA 溶液测定并记录结果。$OD_{260}/OD_{280}$ 的值一般应为 1.7～2.0，若小于 1.7，则说明所提取的 DNA 中可能含有较多蛋白质，需要加入少量的蛋白酶 K 保温后继续用苯酚/氯仿/异戊醇抽提；若比值大于 2.0，则说明可能有较多的 DNA 成为单链或者含有较多 RNA。

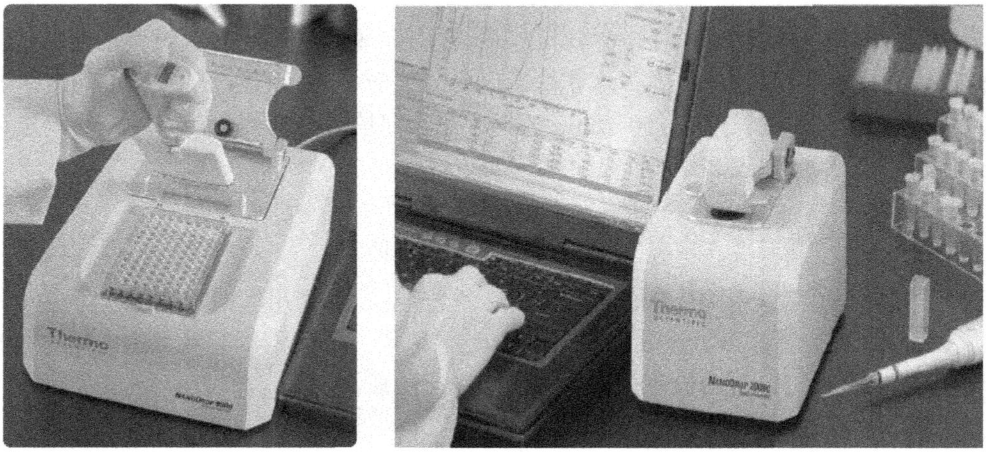


图 20-1　NanoDrop ND-1000 微量核酸蛋白质检测仪（见图版）

（四）16S rRNA 扩增

**1. PCR 30 μL 反应体系**

3 μL 10×buffer （含 KCl），0.25 μL dNTP（10 mmol/L），0.25 μL *Taq* 酶（5 U/μL），1 μL 正向引物（10 μmol/L），1 μL 反向引物（10 μmol/L），1 μL DNA 模板（20～30 ng），22 μL 超纯水。

**2. PCR 反应程序**

95℃预变性 5 min

94℃变性1 min
56℃退火 1 min
72℃延伸 2 min
72℃再延伸 6 min
（以上 35个循环）

4℃保藏

**3. PCR 产物的电泳检测**

PCR 反应结束后，取 5 μL 反应产物加入预先制好的 1%琼脂糖凝胶点样孔中，100 V 水平电泳 50 min，凝胶经溴化乙锭（EB）染色 15 min 后用凝胶成像系统拍照。

（五）16S rRNA 基因 PCR 扩增片段回收

根据（四）中实验结果，如果扩增产物为唯一条带（1500 bp 左右），可直接回收产物。否则从琼脂糖凝胶中切割核酸条带，并回收目的片段。

1）称量一个 2 mL 离心管的质量，并记录。

2）在紫外灯光下切割含目的条带的凝胶，放入 2 mL 离心管，称量，计算凝胶质量。

3）每 100 mg 凝胶加入 100 μL Bing buffer，混匀。60℃温育至凝胶融化。

4）全部转入 UNIQ-10 柱中。10 000 r/min 离心 1 min，倒去收集管内的液体。

5）加入 500 μL Bind buffer，10 000 r/min 离心 1 min，倒去收集管内的液体。

6）加入 70%乙醇（wash solution），10 000 r/min 离心 0.5 min。

7）再 10 000 r/min 离心 2 min 彻底甩干乙醇，吸附柱转移到一个新的 1.5 mL 的离心管。

8）加入 30 μL 预热的洗脱缓冲液，室温放置 3 min。12 000 r/min 离心 2 min，流下的液体即回收的 DNA 片段。

（六）16S rRNA 基因 PCR 片段的 T 克隆

**1. PCR 片段和 pGEM-T 载体连接**

在 0.2 mL 离心管中依次加入下列溶液，16℃连接过夜。

| | |
|---|---|
| 2×buffer | 2 μL |
| T4 DNA ligase（T4 DNA 连接酶） | 1 μL |
| PCR 产物 | 50 ng |
| pGEM-T 载体 | 100 ng |
| 加无菌超纯水至 | 10 μL |

**2. 转化**

将上述连接产物在冰上放置 5 min，然后全部加入装有 200 μL 大肠杆菌 DH5α 感受态细胞的无菌微量离心管中，用预冷的无菌微量移液器的吸头轻轻混匀，置于冰浴中 20 min；于 42℃热休克 90 s（不要摇动），迅速转移至冰浴中，继续冰浴 2～3 min；加入 LB 液体培养基 500 μL，于 37℃、200 r/ min 缓摇孵育 1 h；将适量培养物涂布于 1.5% LB 固体培养基平板（根据质粒性质添加抗生素 Amp、X-Gal、IPTG），待胶表面没有液体流动时，37℃恒温培养箱倒置培养 12～16 h。

**3. 转化菌落的筛选和鉴定**

1）挑取 6 个阳性克隆（白色单个菌落），分别接种到 15 mL 含 Amp（100 μg/ mL）的 LB 液体培养基，37℃振荡培养过夜。

2）通过碱法分别提取上述 6 个转化子的质粒，具体方法参照试剂盒说明书。

3）用限制性内切酶 *Sph* Ⅰ和 *Pst* Ⅰ分别酶切上述 6 个转化子的质粒。在 6 个 0.5 mL 的无菌微量离心管中依次加入下列溶液，37℃酶切 2～3 h。

| | |
|---|---|
| 各转化子质粒 | 6 μL |
| 10×buffer H | 1.5 μL |
| *Sph* Ⅰ（10 μg/ μL） | 0.5 μL |
| *Pst* Ⅰ（10 μg/ μL） | 0.5 μL |
| 加无菌超纯水至 | 15 μL |

4）在上述离心管中加入 10×上样 buffer 1.5 μL，混合均匀后，取 5 μL 进行电泳鉴定。如果转化子为正确的重组子，其质粒 *Sph* Ⅰ和 *Pst* Ⅰ的酶切会将 16S rRNA 基因片段从载体中切下，因此可以观察到 1.5 kb 左右的酶切产物。

### （七）16S rRNA 基因片段序列的测序

将回收的片段送至生物公司测序，测序引物同 PCR 引物。每个片段的测序结果都包含一个 seq 格式的序列文件和 ab1 格式的测序信号峰图文件（图 20-2）。将测序结果拼接后通过美国国家生物技术信息中心（National Center for Biotechnology Information，NCBI）BLASTn 比对，确定菌株种类（可参照实验二十二）。

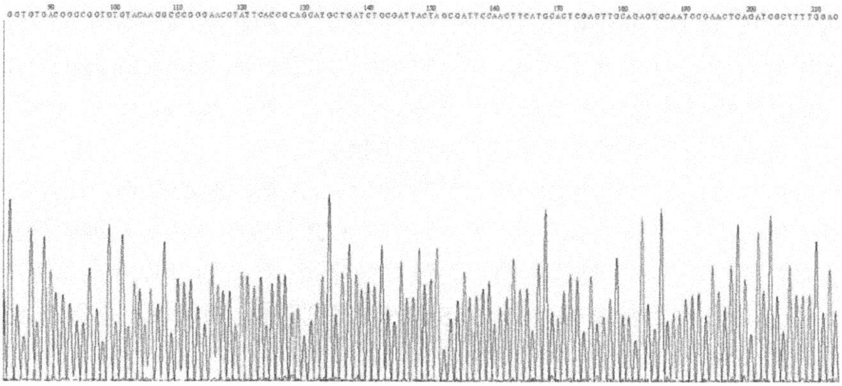

图 20-2　ab1 格式的测序信号峰图（见图版）

## 五、实验结果

1. 取得 PCR 扩增后电泳图谱（标注 marker 和目的片段的大小）。
2. 根据测序结果，到 NCBI 上进行比对，确定该未知菌的种属。

## 六、思考题

1. DNA 提取中苯酚/氯仿/异戊醇的作用是什么？
2. 说明 16S rRNA 序列分析在系统细菌学中的重要意义。
3. 在实际生活中，PCR 技术可以应用于哪些方面？

## 七、参考文献

闫淑珍，陈双林. 2012. 微生物学拓展性实验的技术与方法. 北京：高等教育出版社：132-136
张尔亮，李维，王汉臣. 2012. 微生物学实验教程. 重庆：西南师范大学出版社：165-167
http: //www.38bio.com/cp/yq/fzyq/hdbcdy/ND-2000C.htm[2013-8-10]

# 实验二十一　细菌持家基因序列测定

## 一、实验目的

了解持家基因在细菌分类学中的作用。

## 二、实验原理

持家基因又名管家基因，是指在生物体所有细胞中都表达，并且为维持细胞基本生命活动所需而时刻都在表达的高度保守的基因。持家基因广泛存在于细菌中，是系统进化分析中的有效分子标记。具有特殊功能的持家基因能够提供充足的信息来区分、鉴定近缘细菌种间的系统发育关系。因此，*recA*、*atpD*、*gltA*、*gyrB* 和 *dnaK* 等持家基因也越来越多地被用于细菌的种群鉴定。

*recA*（DNA 重组修复酶基因）是大肠杆菌中 *recA* 基因座的产物，具有双重功能，能激活蛋白酶并能改变单链 DNA 分子。*atpD*（ATP 合成酶基因）是编码膜蛋白 ATP 合成酶 β 亚基的基因，对生物能量的产生起关键作用。本实验选择持家基因中的 *recA* 基因和 *atpD* 基因作为目标基因，结合 16S rRNA 序列分析，判断持家基因与 16S rRNA 基因序列的相关性。

## 三、实验材料

### 1. 菌种

大肠杆菌（*Escherichia coli*），菜豆根瘤菌（*Rhizobium phaseoli*）。

### 2. 培养基

1）YMA 液体培养基，配方见附录 1。

2）LB 液体培养基：蛋白胨 10.0 g，酵母膏 5.0 g，NaCl 10.0 g，蒸馏水 1000 mL，pH7.0，121℃灭菌 30 min。

### 3. 扩增引物

1）*recA*（450～550 bp）。

正向引物 recA-F：5′-ATCGAGCGGTCGTTCGGCAAGGG-3′。

反向引物 recA-R：5′-TTGCGCAGCGCCTGGCTCAT-3′。

2）*atpD*（430～500 bp）。

正向引物 atpD-F：5′-ATCGGCGAGCCGGTCGACGA-3′。

反向引物 atpD-R：5′-GCCGACACTTCCGAACCNGCCTG-3′。

### 4. 器材

PCR 仪，电泳槽，电泳仪，摇床，紫外检测仪等。

## 四、实验步骤

### （一）菌体培养

将大肠杆菌接种于牛肉膏蛋白胨液体培养基中，置于 37℃，转速为 150 r/min 的摇床上振荡培养至对数中期；将菜豆根瘤菌接种于 YMA 液体培养基中，置于 28℃，转速为 150 r/min 的摇床上振荡培养至对数中期。分别收集两种细菌的菌体，用于提取细菌总 DNA。

### （二）持家基因 *recA* 和 *atpD* 的扩增

#### 1. 30 μL PCR 反应体系

3 μL 10×buffer（含 KCl），0.25 μL dNTP（10 mmol/L），0.25 μL *Taq* 酶（5 U/μL），

1 μL 正向引物(10 μmol/L)，1 μL 反向引物(10 μmol/L)，1 μL DNA 模板(20～30 ng)，22 μL 超纯水。

**2. PCR 反应程序**

95℃预变性 5 min

94℃变性1 min
55～62℃ 退火 45 s
72℃ 延伸 45 s
72℃ 再延伸 6 min
（以上 35个循环）

4℃保藏

注：退火温度为 *recA* 62℃，*atpD* 55℃。

### （三）PCR 产物的电泳检测

PCR 反应结束后取 5 μL 反应产物加入预先制好的 1%琼脂糖凝胶点样孔中，100 V 水平电泳 50 min，凝胶经溴化乙锭（EB）染色 15 min 后用凝胶成像系统拍照。

### （四）目的基因片段的测序

获得的目的基因序列送生物公司测序，测序所用引物同 PCR 引物。每个片段的测序结果都包含一个 seq 格式的序列文件和 ab1 格式的测序信号峰图文件。

### （五）系统发育树的构建

使用 NCBI 数据库（http://www.ncbi.nlm.nih.gov/）的 nucleotide blast 工具在 GenBank 中选取与供试菌株各基因序列相似性较高的已知菌株的对应基因序列作为参比，并构建系统进化树。

## 五、实验结果

取得持家基因 PCR 扩增后电泳图谱（标注 marker 和目的片段的大小）。

## 六、思考题

1. 什么是持家基因？根瘤菌中用于分类鉴定的主要持家基因包括哪些？
2. 如何通过持家基因判断细菌的发育地位？

## 七、参考文献

Menna P，Barcellos FG，Hungria M. 2009. Phylogeny and taxonomy of a diverse collection of *Bradyrhizobium* strains based on multilocus sequence analysis of the 16S rRNA gene，ITS region and *glnII*，*recA*，*atpD* and *dnaK* genes. Int J Syst Evol Microbiol，59：2934-2950

# 实验二十二　基因序列系统发育树的构建

## 一、实验目的

1. 学习使用 Chromos 软件分析和处理基因测序峰图。
2. 学习使用 Danman 软件拼接基因序列。
3. 学习利用 NCBI 网站在线搜索基因序列。
4. 学习利用 MEGA 5.05 软件构建基因系统发育树。

## 二、实验原理

对测序结果预处理一般采用 Chromas 软件，Chromas 应用程序可以用来查看和编辑 DNA 的峰形图，图谱文件一般为 SCF 格式（*.scf)，如图 22-1 测序结果所示，高低不一的峰代表基因序列当中的每一个碱基，不同的碱基用不同的颜色表示，从大约第 30 个碱基开始，碱基峰整齐独立细长，且底线上的杂峰很低，符合分析要求。而在测序结果的开始和末尾处的碱基峰杂乱无规则且底峰较高，这样的结果会对分析结果的准确性造成影响，故要把首尾不准确的序列剪切掉才能进行序列分析。

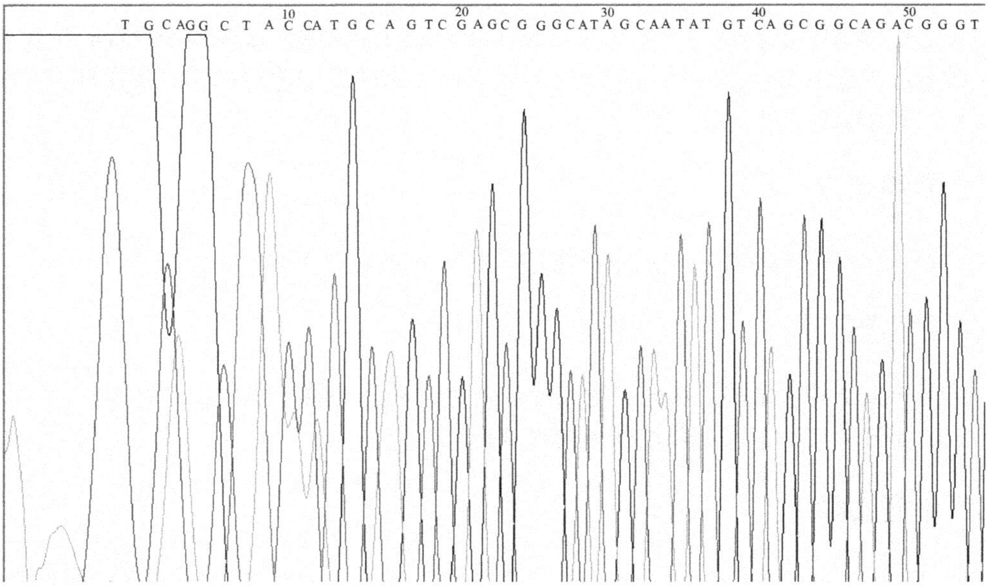


图 22-1

两段基因序列的拼接。例如，16S rRNA 的基因较长，测序时要分成两段测序，分别从基因的正向和反向进行测序，故要将两段测序结果进行拼接之后才能得到完整的 16S rRNA 序列。序列拼接一般采用 DNAMAN 软件，通过两段序列比对找出两段序列相接处的重复序列，而将两段序列拼接为一段连续序列。

得到拼接好的测序结果以后，还要到基因库中寻找并获得更多相关的同源序列，并初步比对出与待分析菌株的亲缘关系最近的菌株，这个过程称为 Blast，以确定构建系统发育树所用的参比菌株和模式菌株，一般通过网站寻找和下载相关菌株的序列。美国国家生物技术信息中心（National Center for Biotechnology Information，NCBI）（http: //www.dtd.nlm.nih.gov/），是美国国家医学图书馆（NLM）的一部分。NCBI 建立于 1988 年，保管了 GenBank 的基因测序数据和 Medline 的生物医学研究论文索引。NCBI 自 1992 年开始负责维护 DNA 序列数据 GenBank。GenBank 数据库每日都会实时更新并和另外两家数据库［欧洲分子生物学实验室（EMBL）与日本 DNA 数据库（DDBJ）］交换数据，以确保 3 家数据库的序列数据的一致性。NCBI 提供的在线软件 BLAST 序列相似性比对程序，可在短时间内完成与 GenBank 数据库的序列比较，搜索出亲缘关系较近的模式菌株。

分子系统发生分析主要分成 3 个步骤：①分子序列或特征数据的分析；②系统发育树的构建；③结果的检验。系统发育树的构建有很多方法，根据所处理数据的类型，可以将系统发育树的构建方法大体上分为两类。一类是基于进化距离的构建方法，利用分析单元间的进化距离，依据一定的原则和算法构建系统发育树，如非等重平均连锁法（unweighted pair group method with arithmetic means，UPGMA）、邻接法（neighbor joining，NJ）、最小进化法（minimum evolution，ME）等。另一类方法是基于离散特征的构建方法，如 DNA 序列中的特定位点核苷酸，建树时着重分析序列间每个特征（如核苷酸位点）的进化关系等，如最大简约法（maximum parsimony，MP）、最大似然法（maximum likelihood，ML）等。对基因序列的比对方法、模型选择和建树方法都会影响到系统发育树的拓扑结构，目前最常用的方法为 ML 法。在所构建好的系统发育树的每一个分支上都会有一个数字，该数字称为当前系统发育树此分支的扩展值（bootstrap）。在建树的过程中会设置一个重复计算次数，一般 ML 法建树的重复计算次数设置为 100，那么扩展值 90 就表示在随机重复计算了 100 次中，此树显示的结果为 90 次。在一个系统发育树中，扩展值越高，则结果越可信。

随着不同物种基因组测序的快速发展，产生了大量的 DNA 序列信息，这时就需要一种简便而快速的统计分析工具来对这些数据进行有效的分析，以提取其中包含的大量信息。MEGA5.05 软件就是基于这种需求开发的。MEGA5.05 软件可以用来编辑序列数据、序列比对、构建系统发育树（包括 ML 法、NJ 法等）、推测物种间的进化距离等。此软件的输出结果具有不同形式的可视化效果。

## 三、实验方法

**1. 软件**

Chromas，DNAMAN，MEGA 5.05，NCBI-Blast（website）。

**2. 材料**

16S rRNA 基因序列。

**3. 工具**

计算机。

## 四、实验内容

### （一）测序峰图分析和处理

打开 Chromas 软件，点击左上角的“Open”（图 22-2）。

图 22-2

找到想要处理的 16S rDNA 序列文件，选中后单击“打开”（图 22-3）。

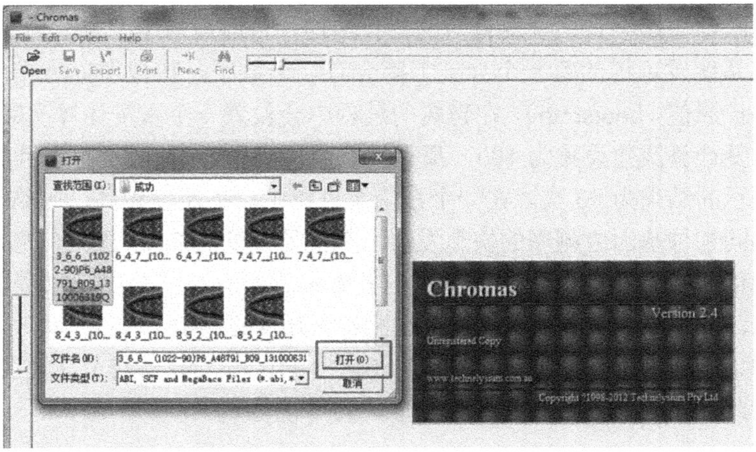


图 22-3

打开后的测序峰图如图 22-4 所示。

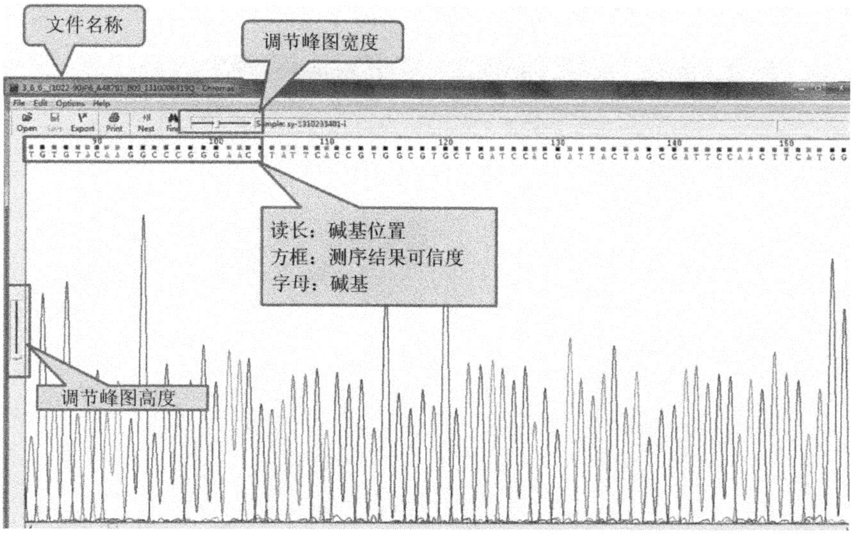


图 22-4

对峰图的首尾进行剪切：首≥30 bp（原则是切去有重叠峰的峰段），尾视序列质量而定，但剪切后最好不要短于 700 bp，鼠标点击首部标框位置，即要进行剪切的碱基（图 22-5）。

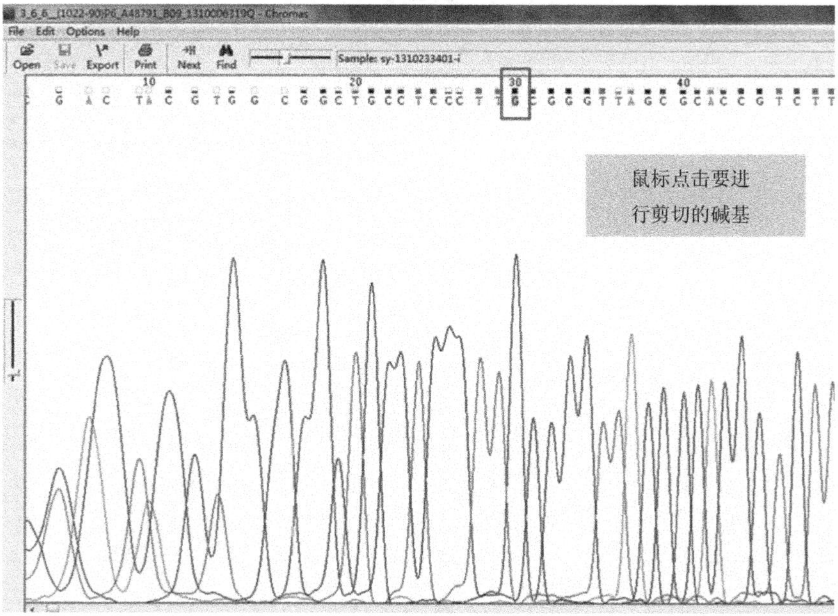


图 22-5

单击“Edit”，选择“Delete Upstream”，剪切后的峰图会从剪切的位置重新从零开始计数（图 22-6，图 22-7）。

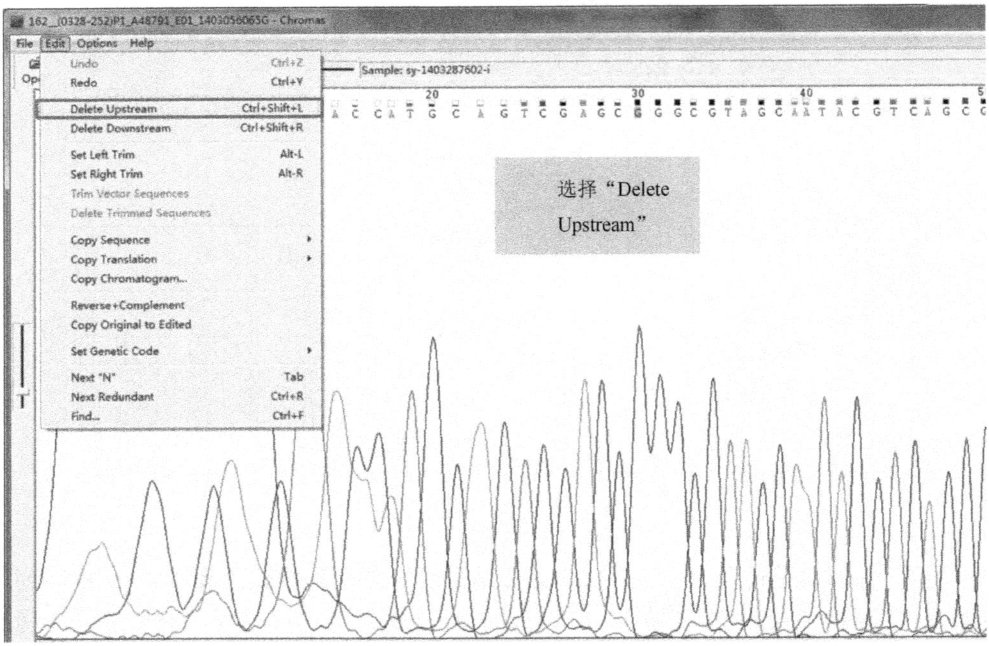


图 22-6

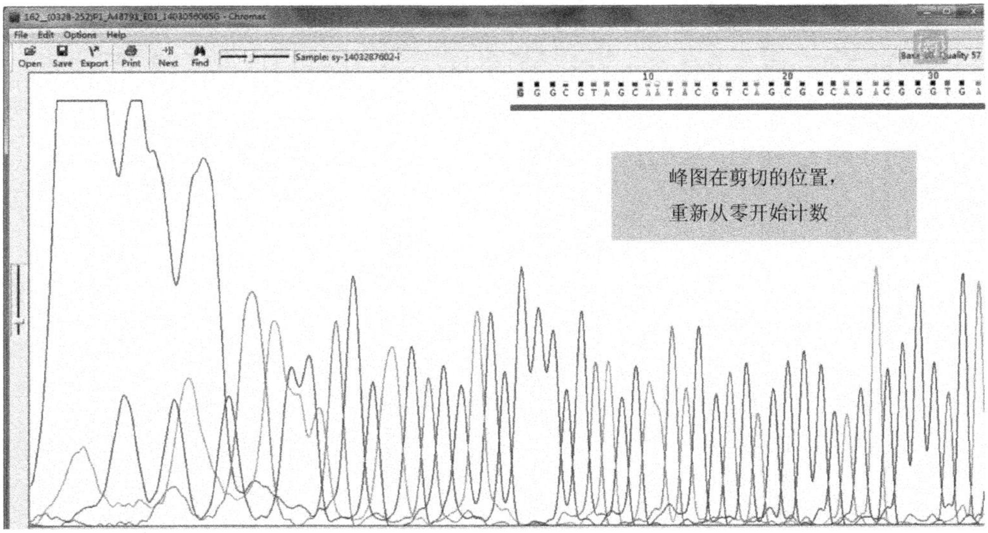


图 22-7

同样的，点击“Edit”，选择“Delete Downstream”删除下游序列（图 22-8）。

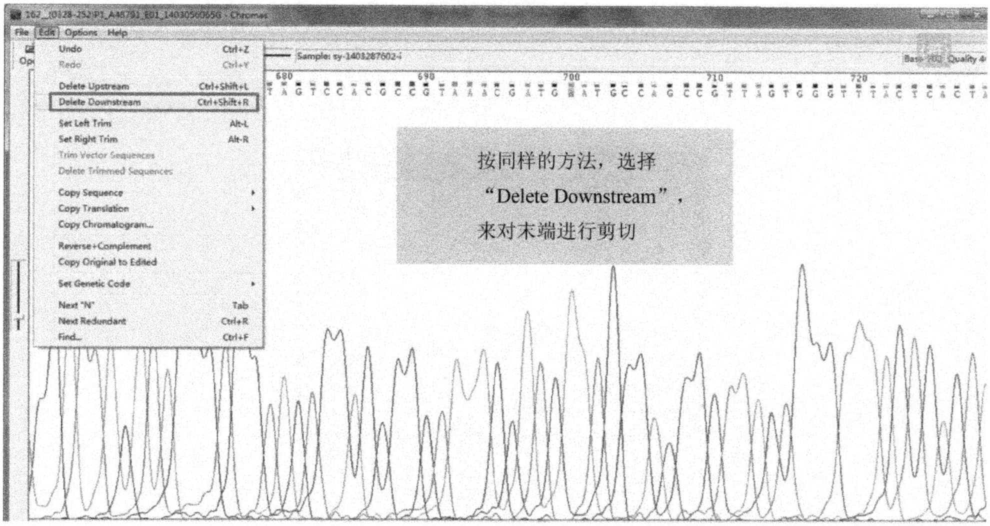


图 22-8

剪切掉的序列将不在计数范围之内（图 22-9）。

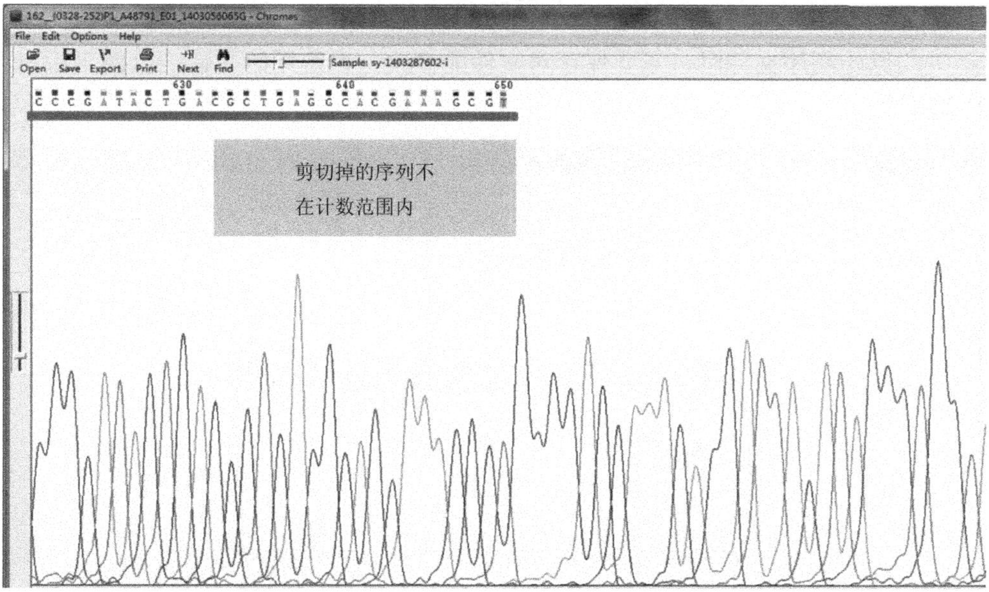


图 22-9

将剪切后的文件另存为新的文件名（图 22-10）。

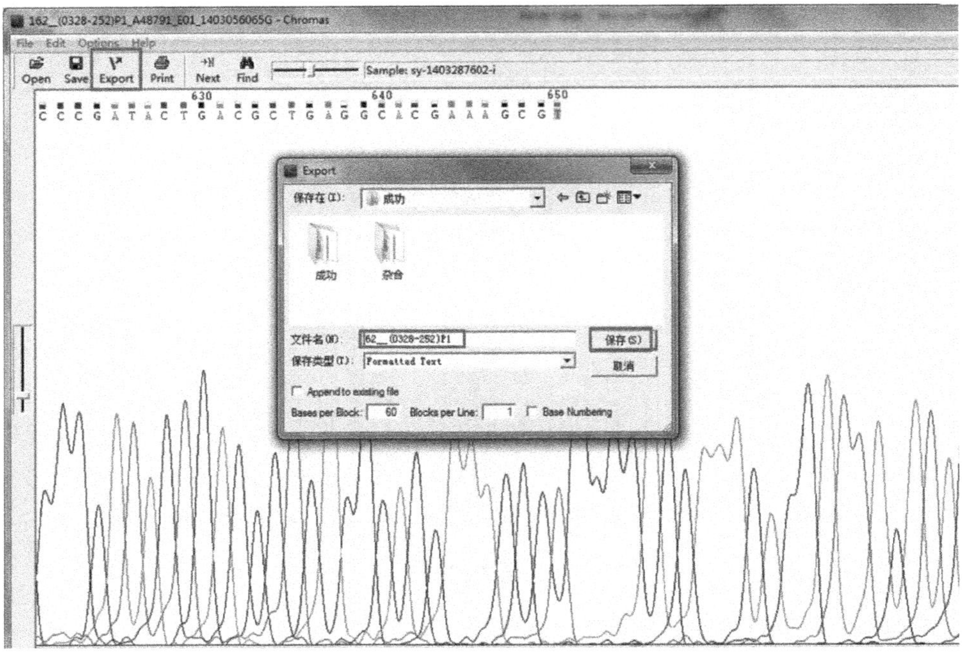


图 22-10

关闭原始测序文件时，不要保存对文件的修改，保留原始文件，以便日后查看（图 22-11）。

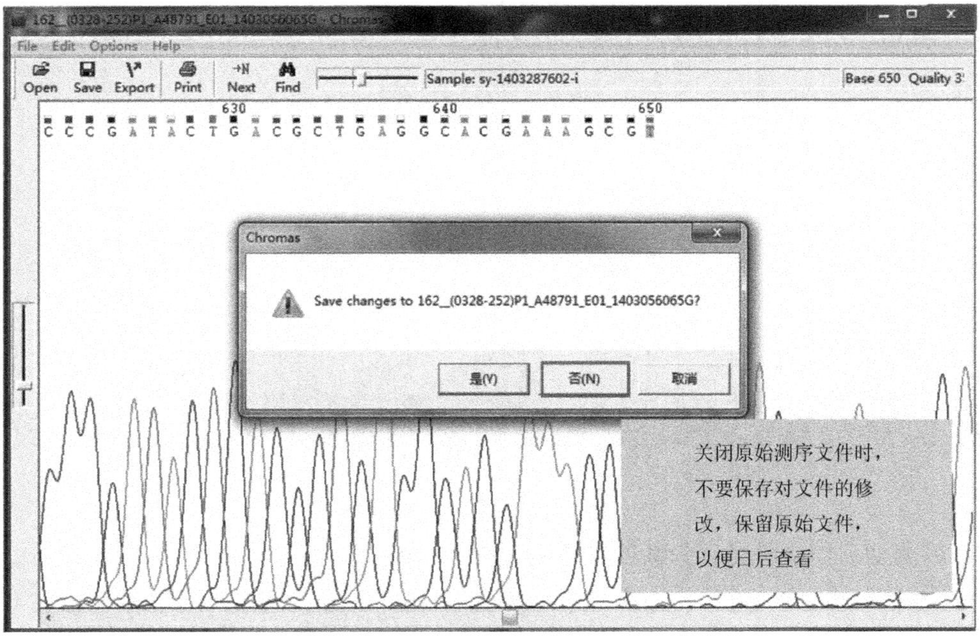


图 22-11

16S rDNA 是双向测序，以同样的步骤处理反向序列。

## （二）基因序列的拼接

打开 DNAMAN 软件，点击“Sequence”，在下拉菜单中选择“Sequence Assembly”进行序列拼接（图 22-12）。

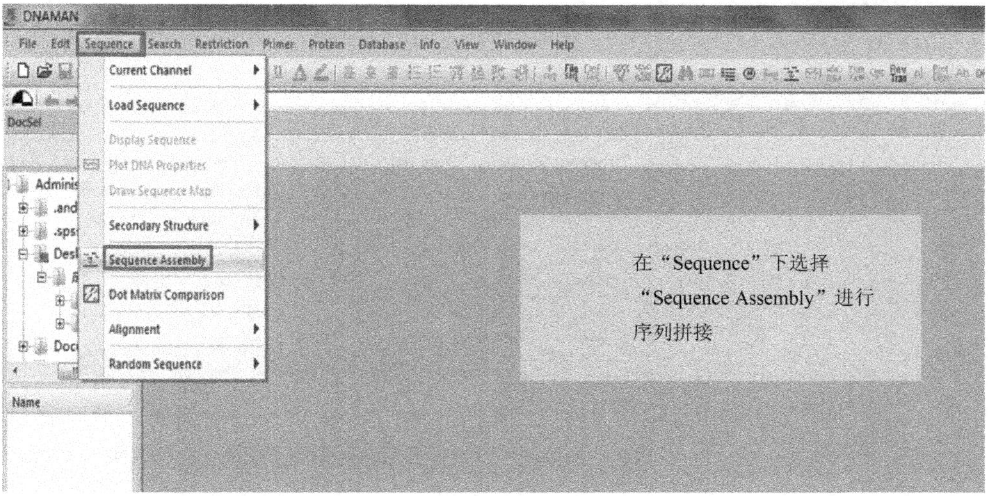


图 22-12

点击“Add file”，添加剪切好的正向和反向序列（图 22-13）。

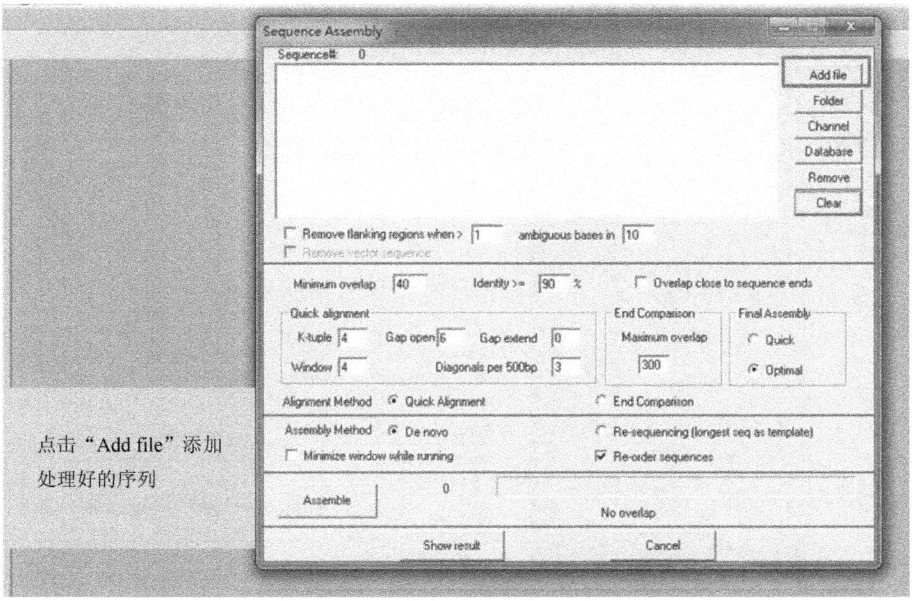


图 22-13

点击“Assemble”，必须有“overlaps”才可继续操作（没有“overlaps”说明在序列剪切的时候，切掉的序列太多，需重新剪切，保留更长的序列）（图 22-14）。

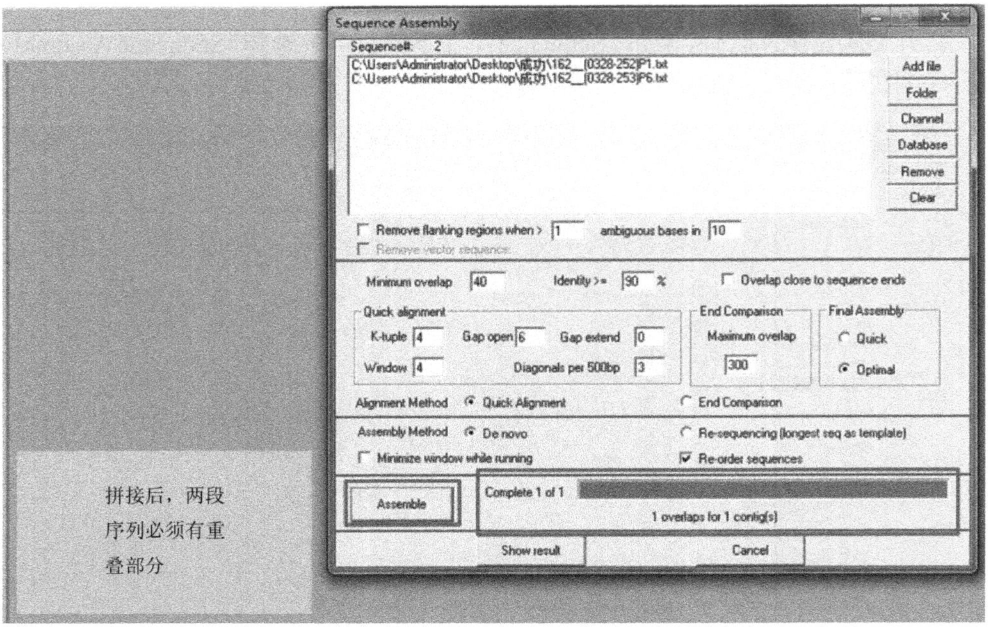


图 22-14

点击“Show result”（图 22-15）。

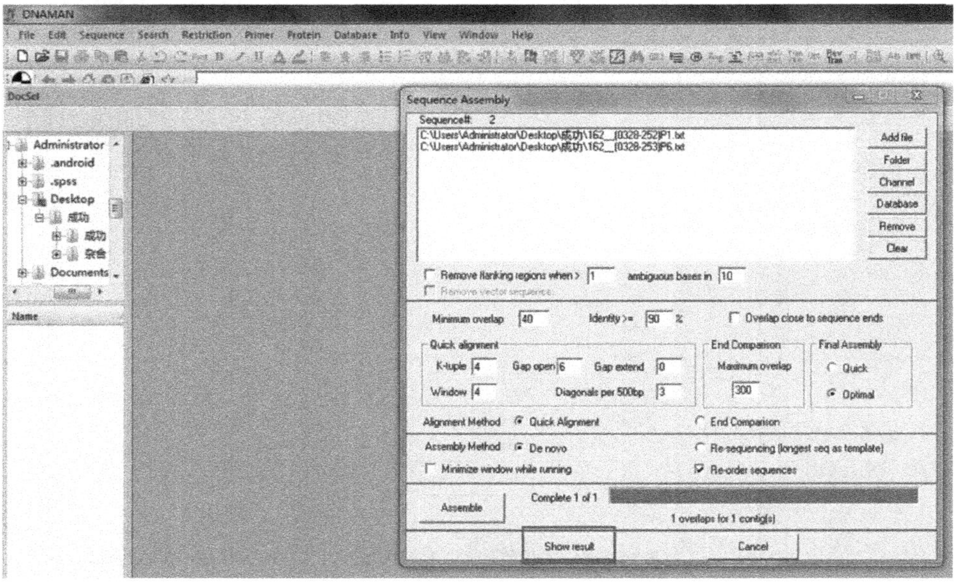


图 22-15

查看输出后的结果，看正向和反向测序结果重叠部分是否一致，不一致时，需要查看原始的峰图，修正错误（图 22-16）。

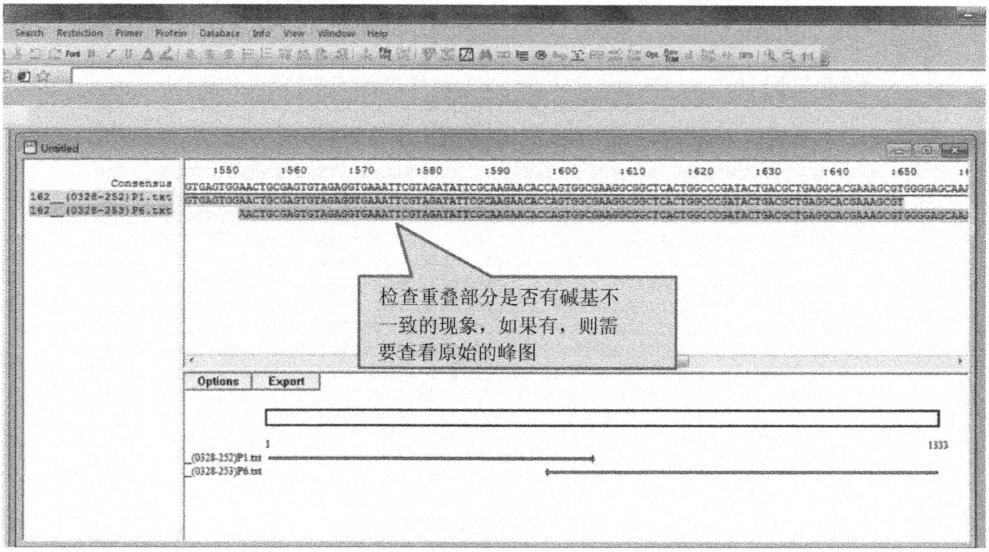


图 22-16

序列检查无误后，点击“Export”，输出序列（图 22-17）。

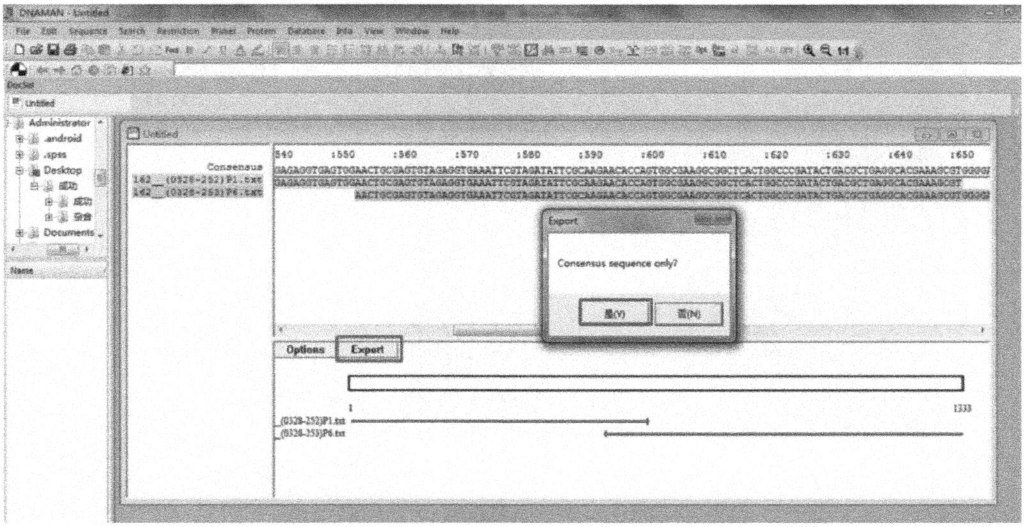


图 22-17

处理输出后的序列，手动删除选中的一段文字（图 22-18）。

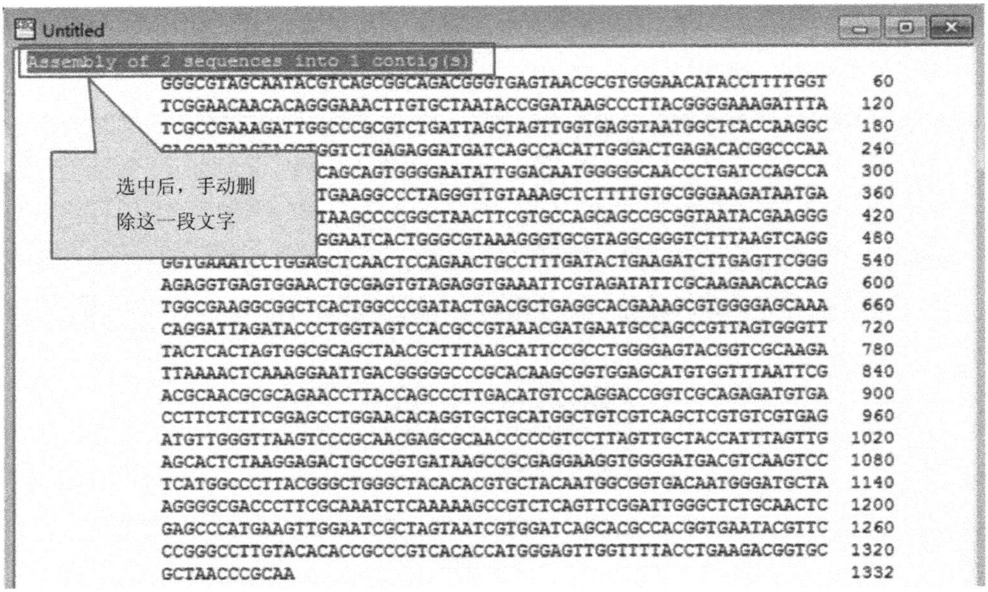


图 22-18

将序列全部选中后，点击右键，选择“Format Sequence”更改序列格式（图 22-19）。

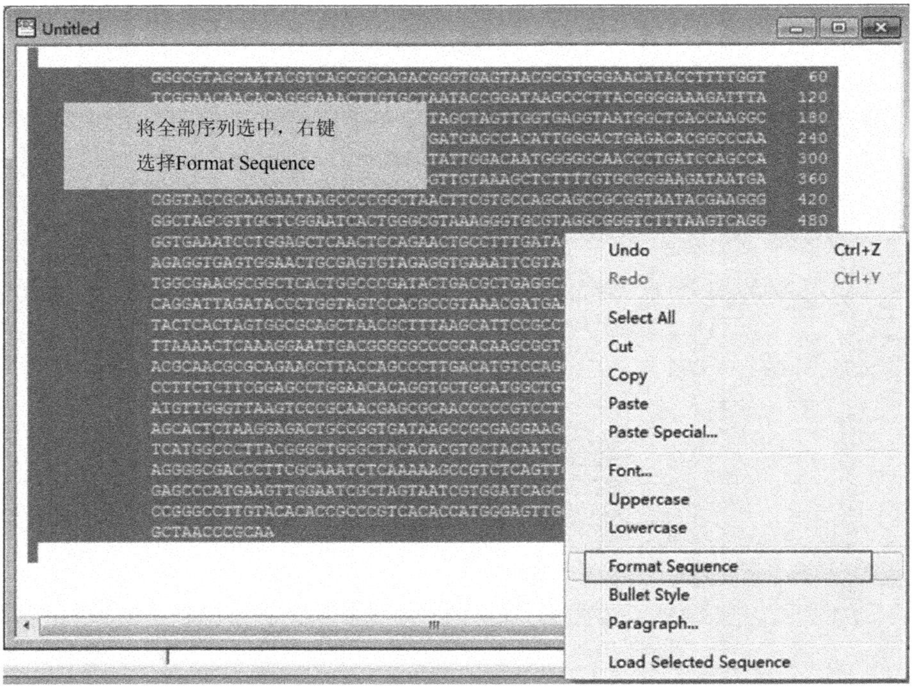


图 22-19

将每行的数字改成 900，即最大值，去掉“Number label”前的对勾（图 22-20）。

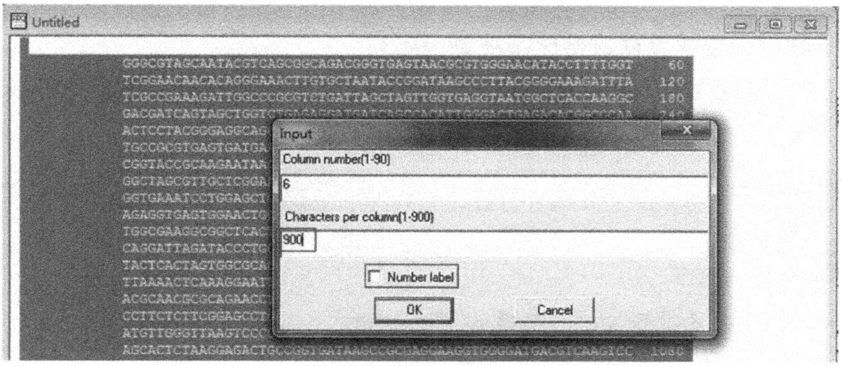


图 22-20

手动删除中间部分的空格（图 22-21）。

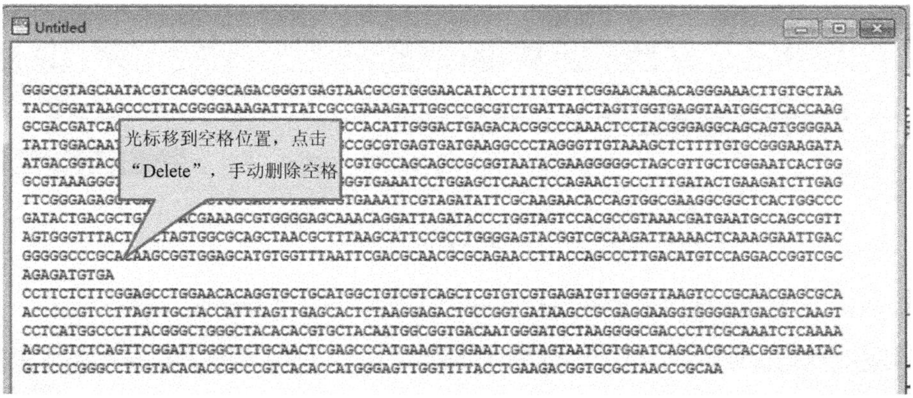


图 22-21

保存处理好后的序列文件，以用于系统发育树的构建（图 22-22）。

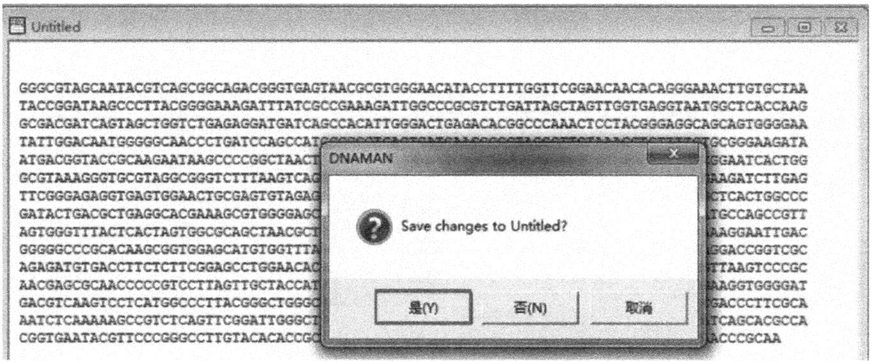


图 22-22

## （三）NCBI-Blast 搜索和下载菌株序列

### 1. 下载已知模式菌株或参比菌株基因序列

打开 NCBI 网页（http: //www.dtd.nlm.nih.gov/），将搜索范围限定为“Nucleotide”（图 22-23）。

图 22-23

以菌株号作为关键词来搜索菌株的基因序列，点击“Search”（图 22-24）。

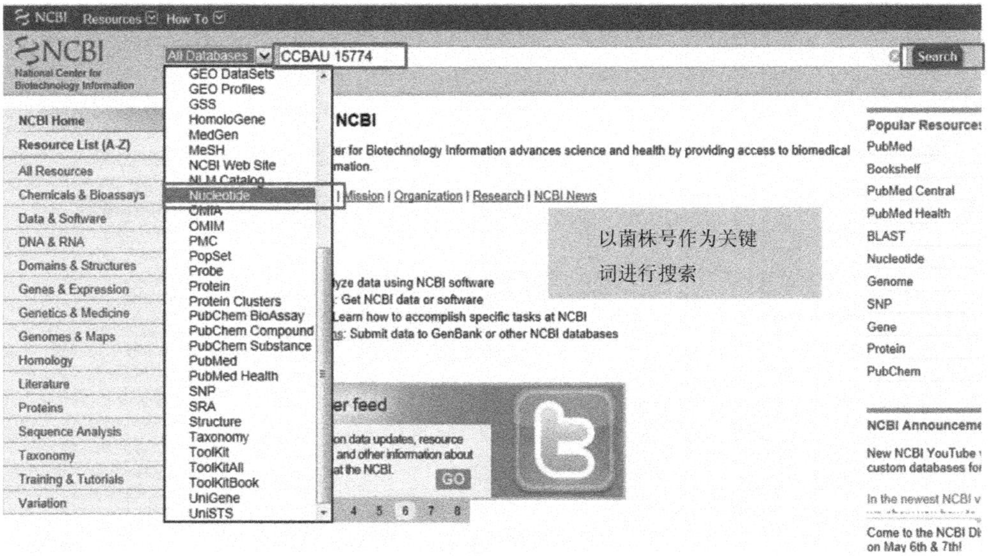


图 22-24

得到这株菌的全部基因序列（图 22-25）。

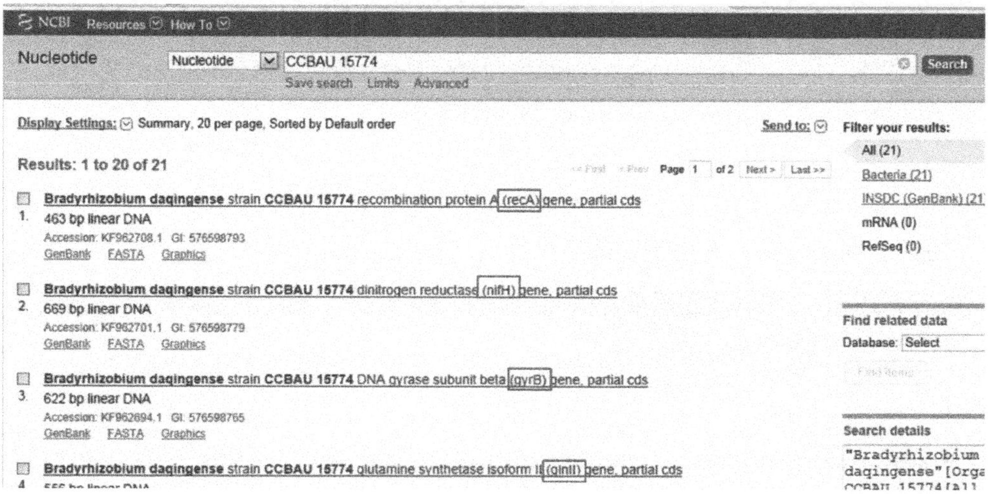


图 22-25

找到 16S rDNA 序列，单击左侧方框后，显示对勾，右上方点击“Send to”→“File”→“FASTA”→“Organism Name”→“Create File”即可下载文件（图 22-26）。

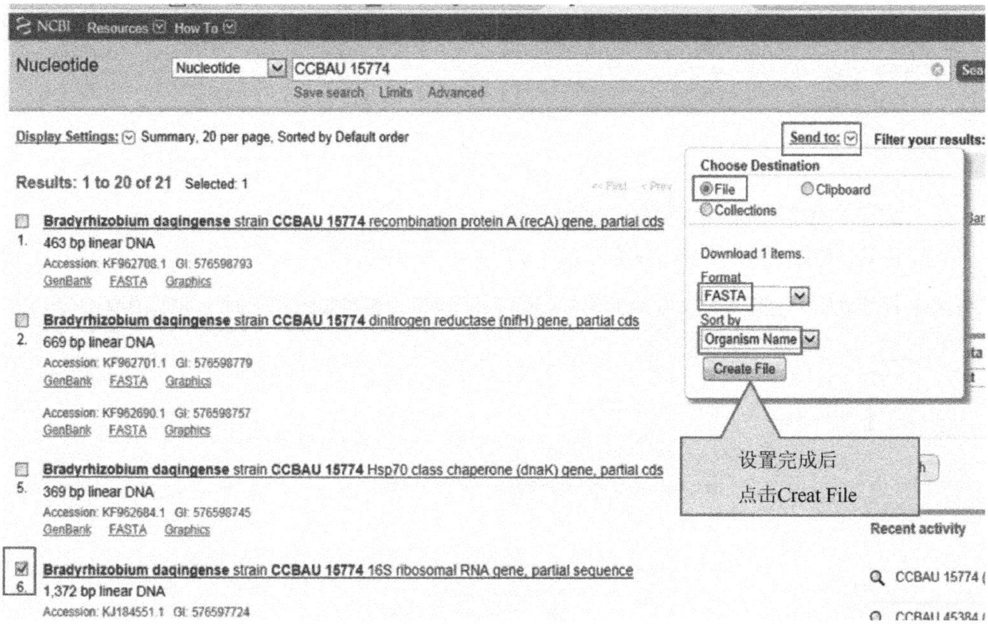


图 22-26

另外，也可以用菌株某个基因的 GenBank 号作为关键词进行搜索（图 22-27）。

图 22-27

按照相同的方法，把序列下载下来即可（图 22-28）。

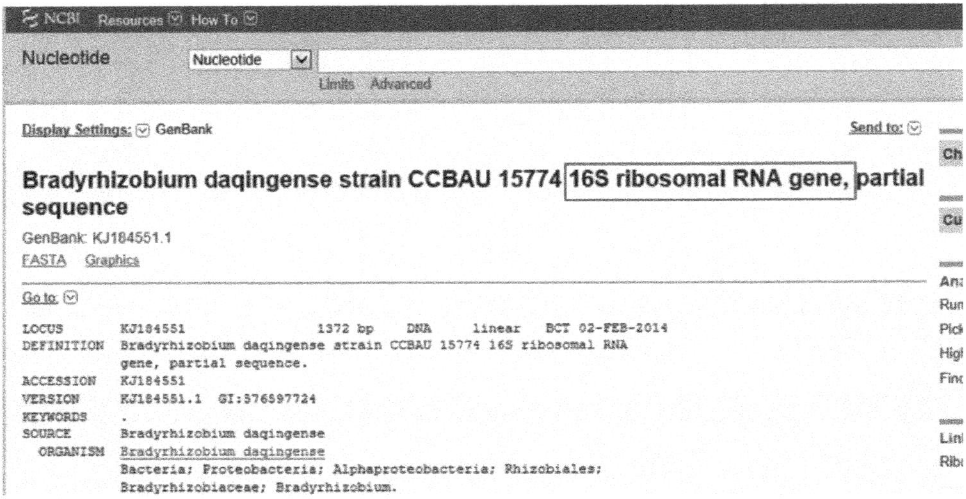


图 22-28

## 2. 搜索亲缘关系较近的参比菌株序列

在 NCBI 网站主页找到“BLAST”选项（图 22-29）。

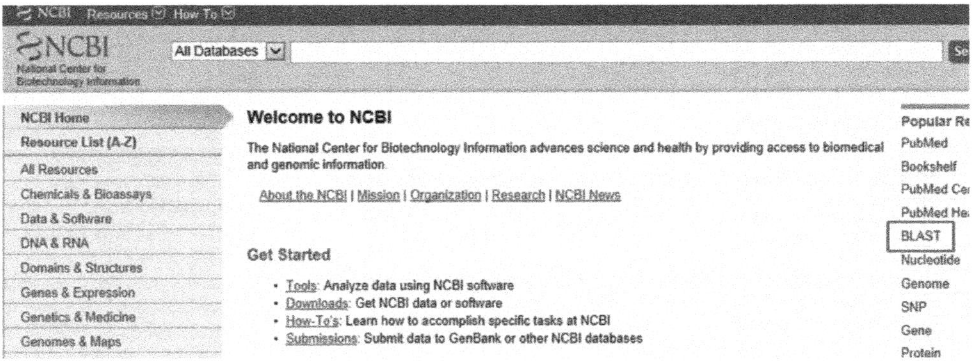


图 22-29

搜索范围选择“nucleotide blast”（图 22-30）。

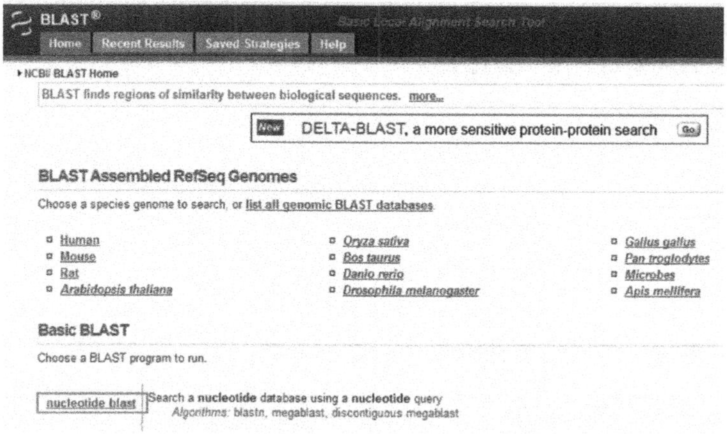


图 22-30

将序列复制到框内，选择“Others”→“Highly similar sequences”→“Show result on a new window”，点击“BLAST”（图 22-31）。

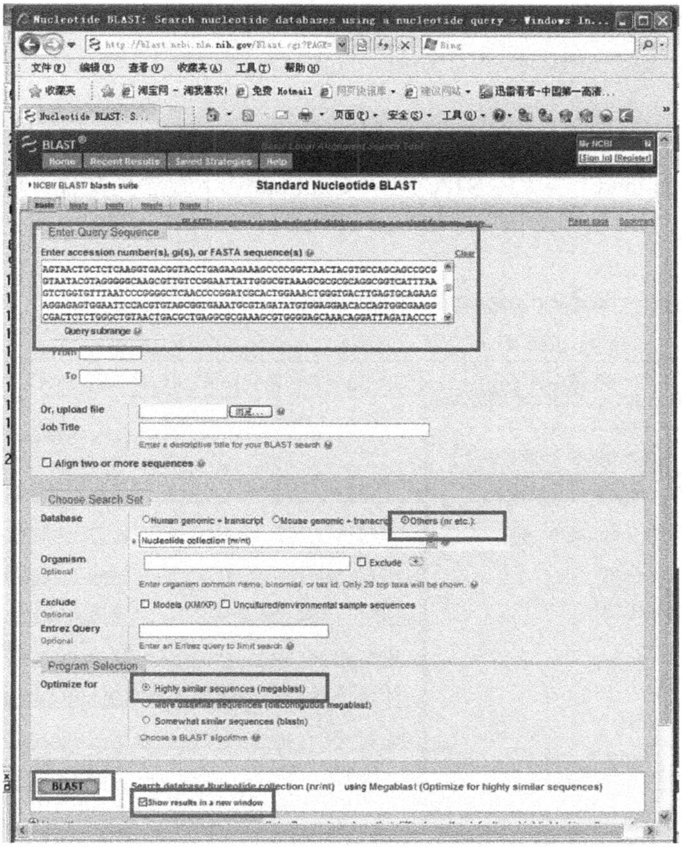


图 22-31

根据“BLAST”结果可以知道自己的菌株与哪个属最近，一般处在第一位置的都是相似性最高的菌株（图 22-32）。

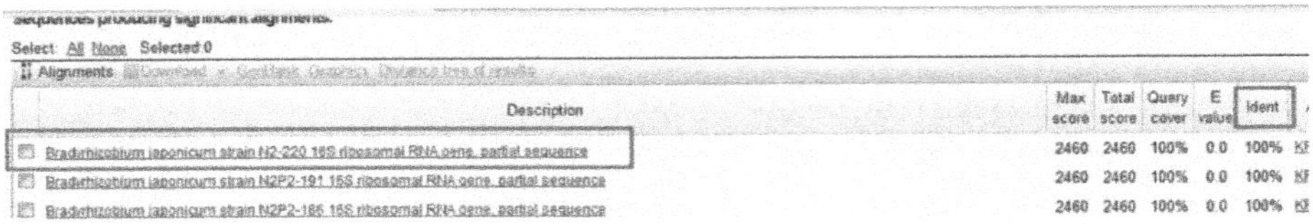


图 22-32

下载序列的第一步是要将菌株前面的方框内划对勾（图 22-33）。

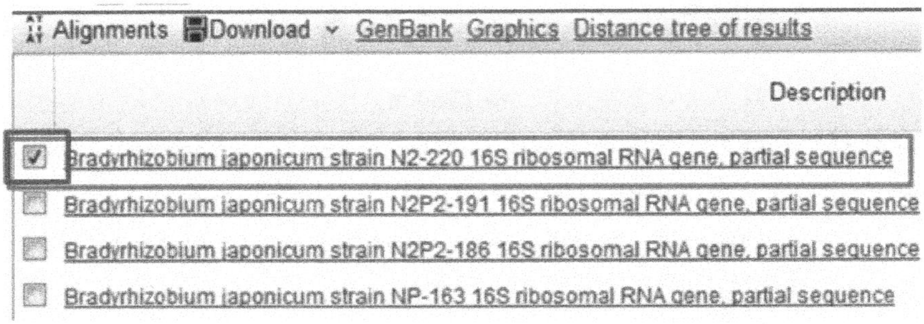


图 22-33

点击“Download” → “FASTA” → “Continue”下载序列文件，可用于序列分析（图 22-34）。

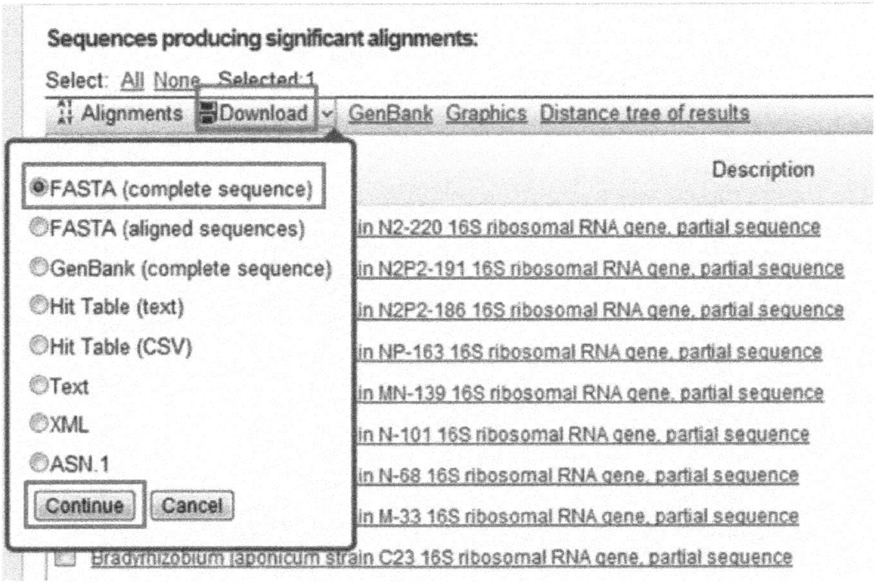


图 22-34

## （四）16S rRNA 基因序列系统发育树的构建

### 1. 基因序列排队和切齐

打开 MEGA 5.50 软件，点击“Align”→“Edit/Build Alignment”来新建一个MEGA 文件（图 22-35）。

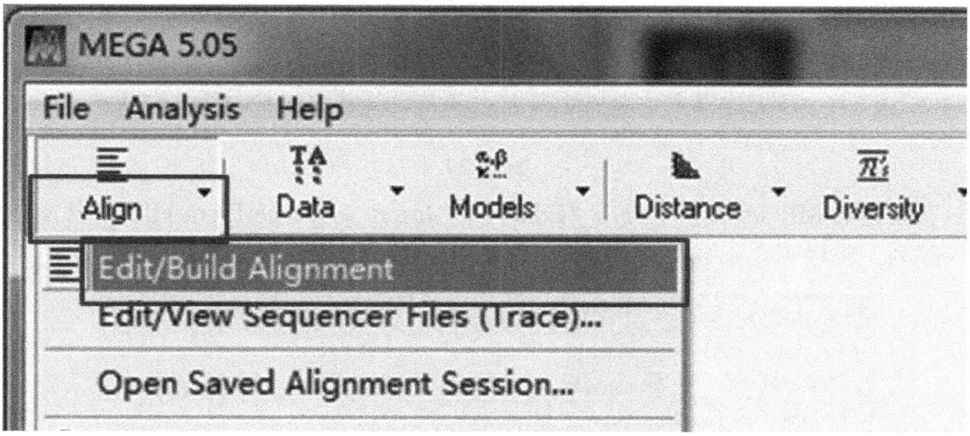


图 22-35

点击“Creat a new alignment”→“OK”（图 22-36）。

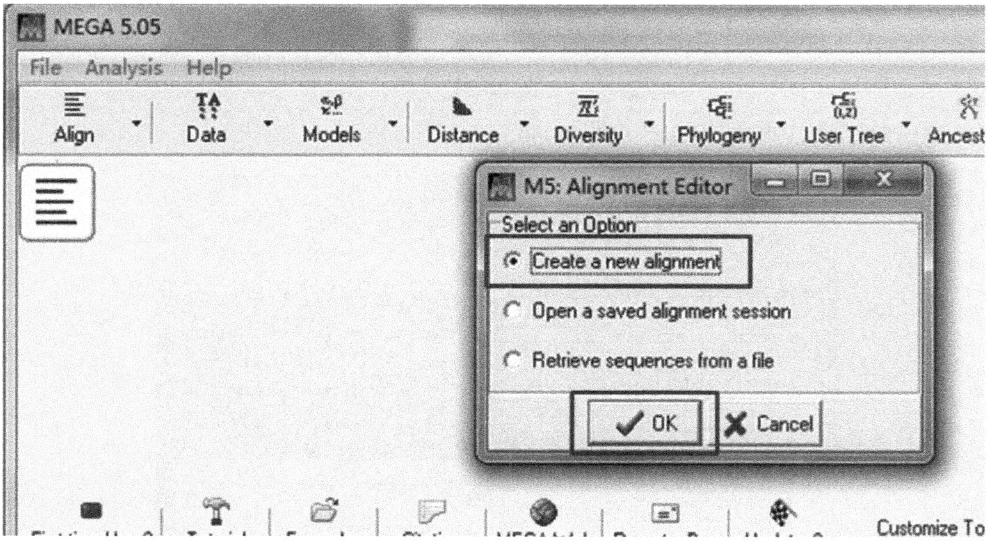


图 22-36

选择“DNA”（图 22-37）。

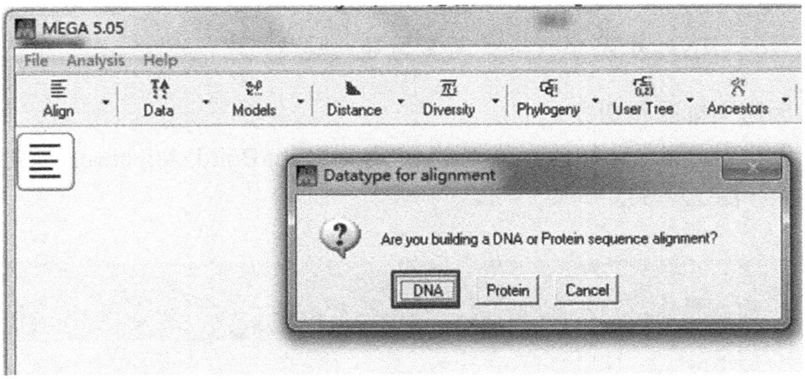


图 22-37

在新建的 MEGA 文件中点击“Edit”→“Insert Sequence From File”，从文件中导入序列。将序列全部导入后，点击“*W*”→“Align DNA”（图 22-38）。

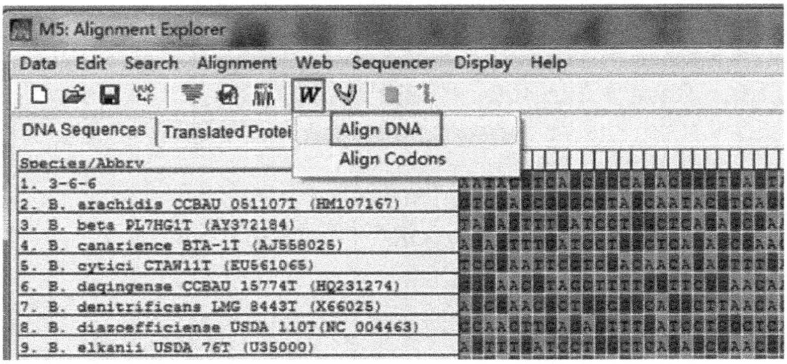


图 22-38

弹出对话框，点击“OK”（图 22-39）。

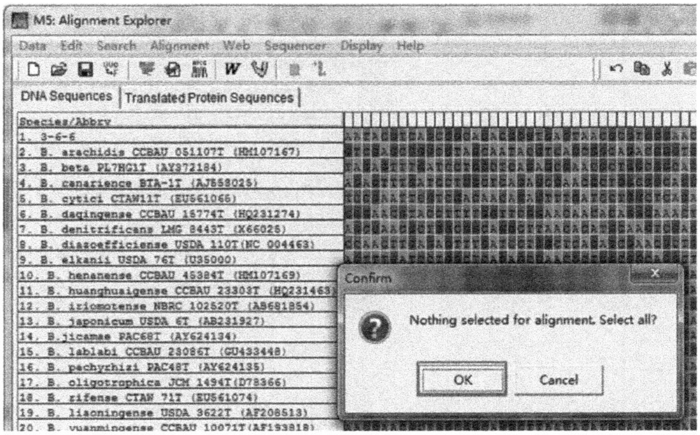


图 22-39

再弹出对话框，不用改变弹出的对话框的参数，点击“OK”（图 22-40）。

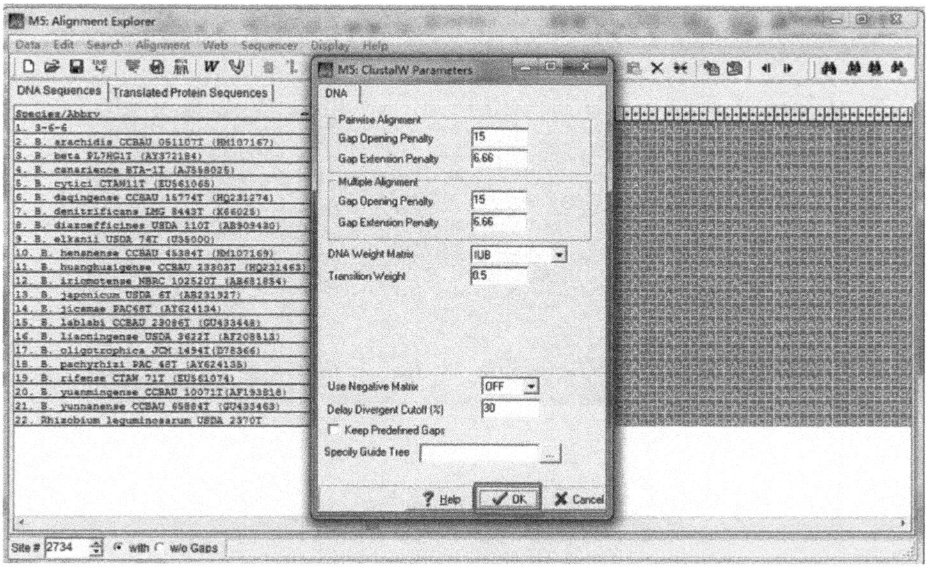


图 22-40

排列对齐后，序列大部分是一致的，但也有少数地方有差异，说明这些菌株序列的不同（图 22-41）。

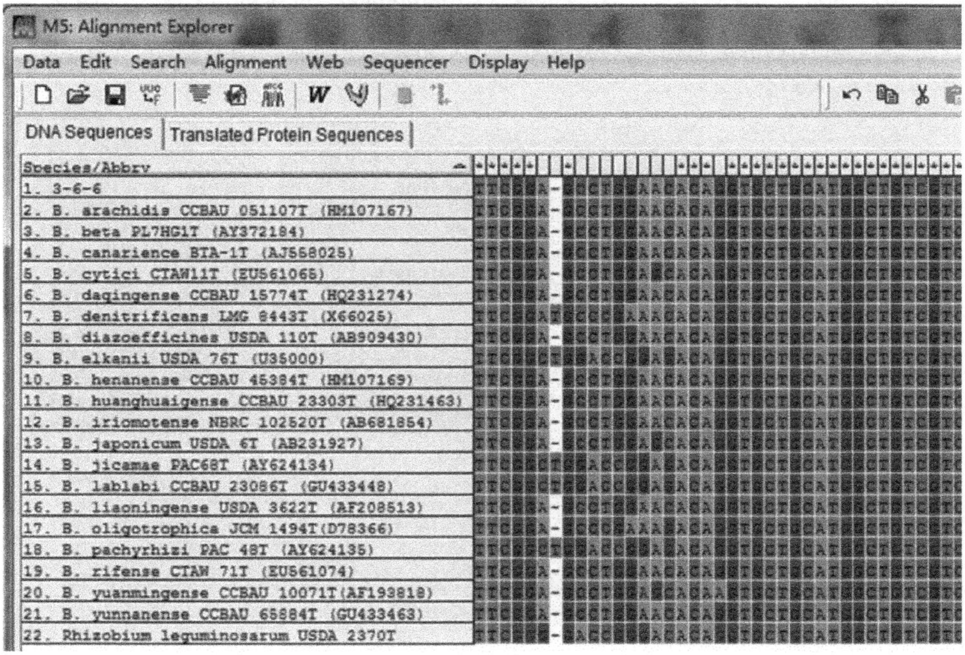


图 22-41

排列对齐后可能遇到的问题如图 22-42 所示。

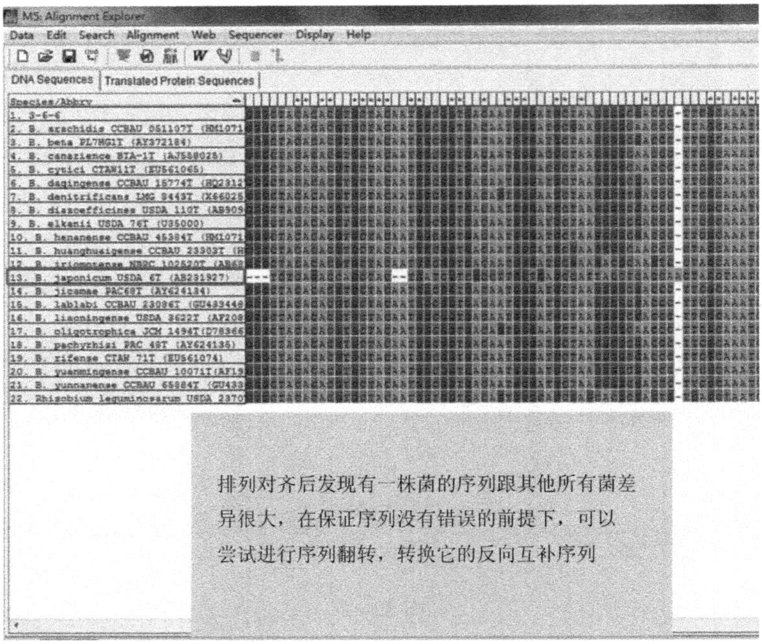


图 22-42

选中序列后，点击“右键”→“Reverse Complement”对序列进行翻转（图 22-43）。

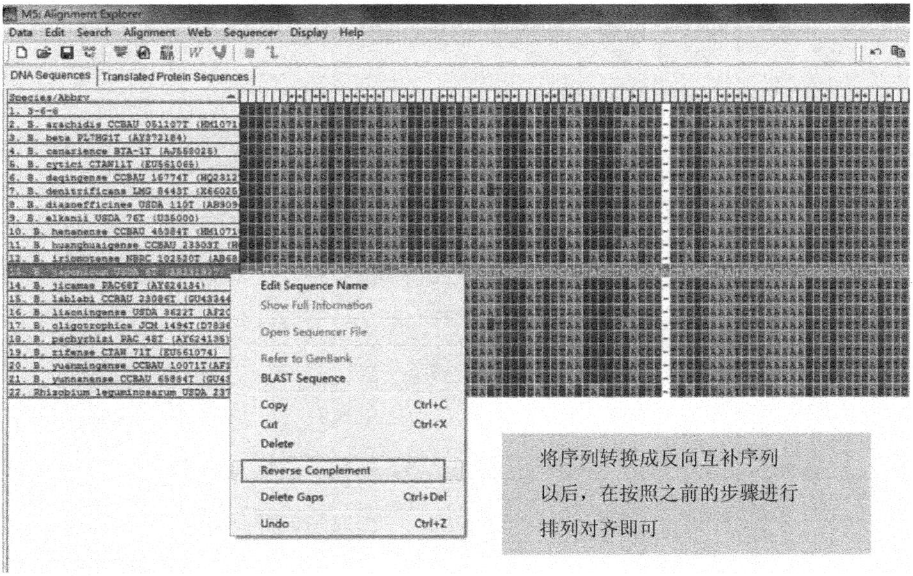


图 22-43

保存比对正确后的序列，选择“Data”→“Export Alignment”→“FASTA format”，文件保存时命名通常会加上“未切齐”（图 22-44）。

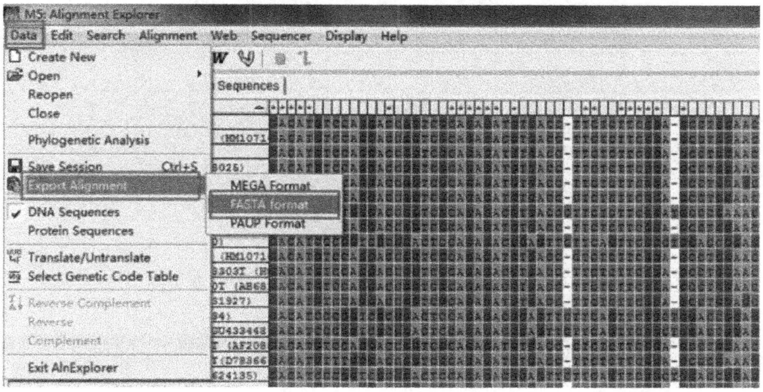


图 22-44

然后对序列进行切齐处理（图 22-45～图 22-49）。

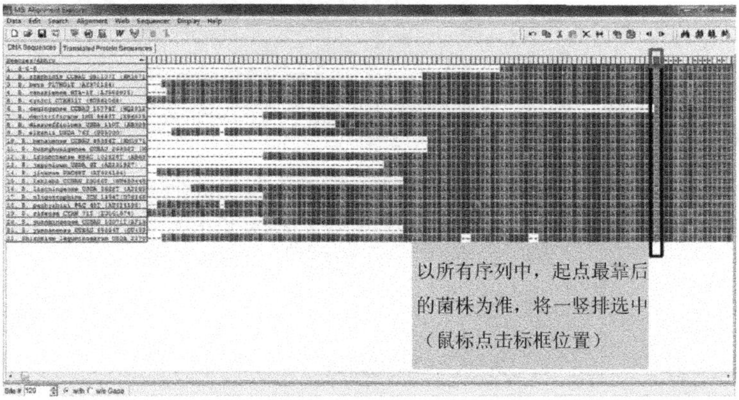


图 22-45

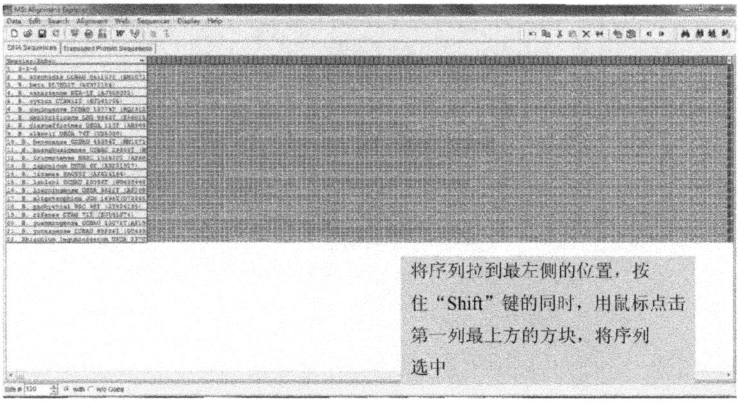


图 22-46

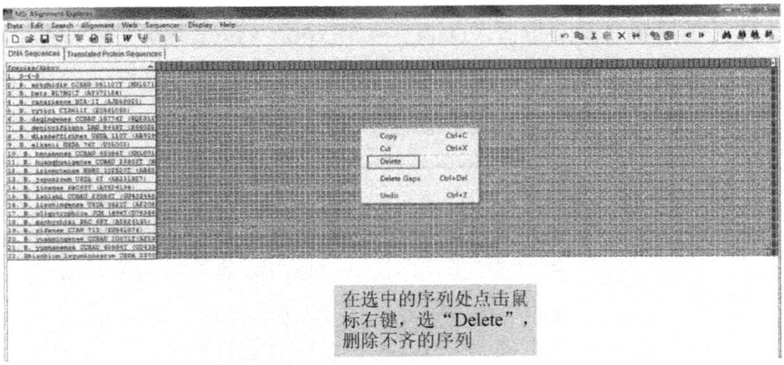


图 22-47

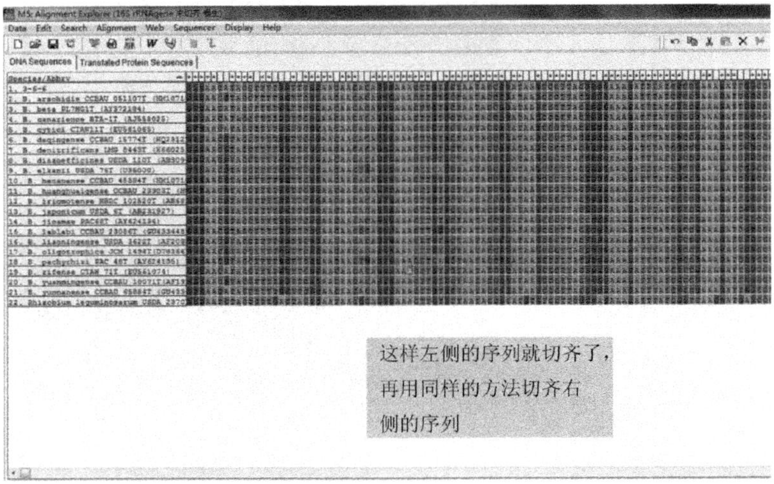


图 22-48

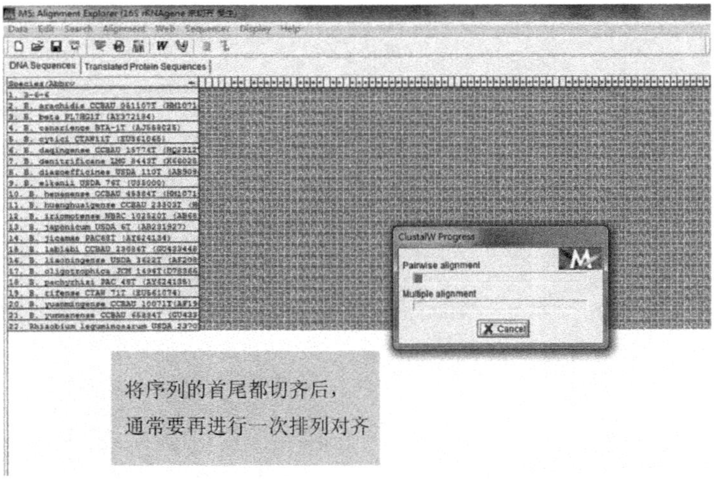


图 22-49

第二次排列对齐后，如出现两边不齐的，再重复一次切齐步骤，然后保存切齐的序列文件，在命名时通常标注“切齐”（图 22-50）。

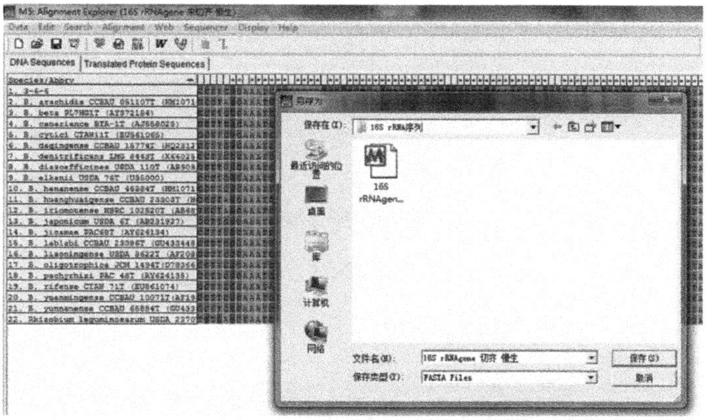


图 22-50

## 2. 系统发育树的构建

打开 MEGA 5.50 软件，点击“Phylogeny”→“Construct/Test Maximum Likelihood Tree”（图 22-51）。

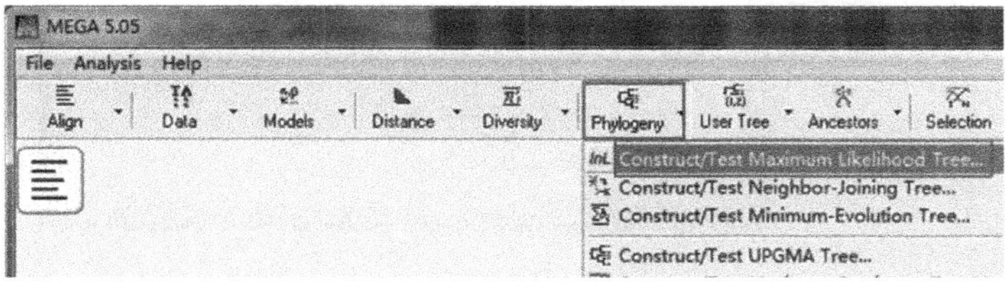


图 22-51

选择切齐的序列文件来构建系统发育树（图 22-52）。

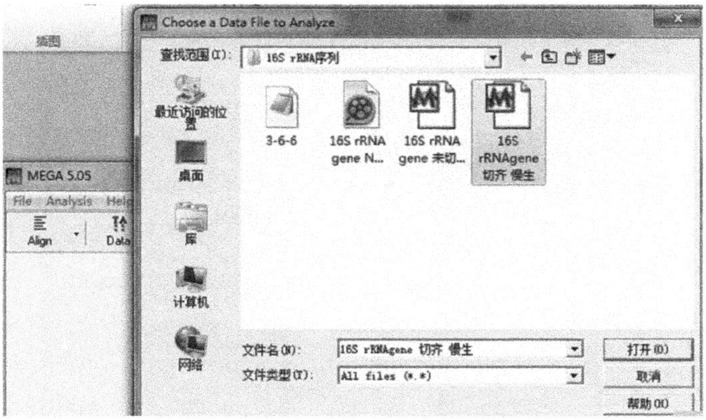


图 22-52

选择“Nucleotide Sequences”→“OK”（图 22-53）。

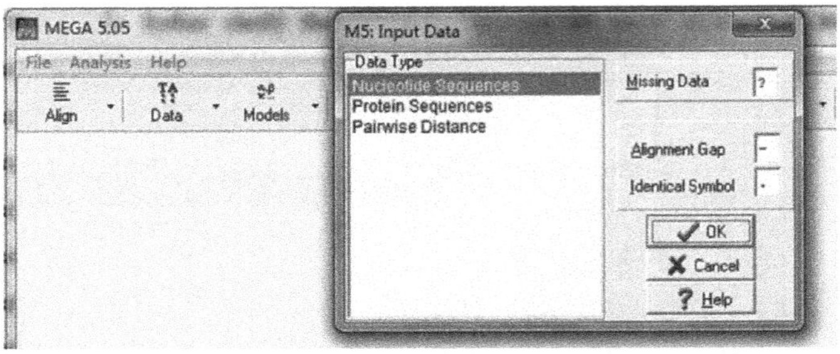


图 22-53

弹出对话框，点击“No”（图 22-54）。

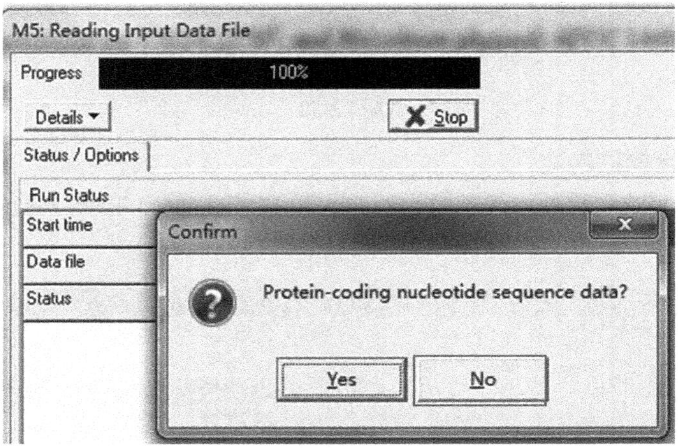


图 22-54

Bootstrap method 值为“100”，建树模型选择“Jukes-Cantor model”，设置好后点击“Compute”（图 22-55）。

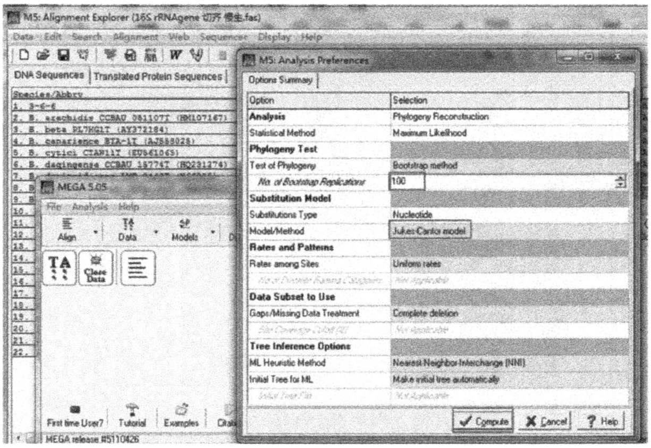


图 22-55

运行完毕后就可以得到 16S rDNA 基因的系统发育树（图 22-56）。

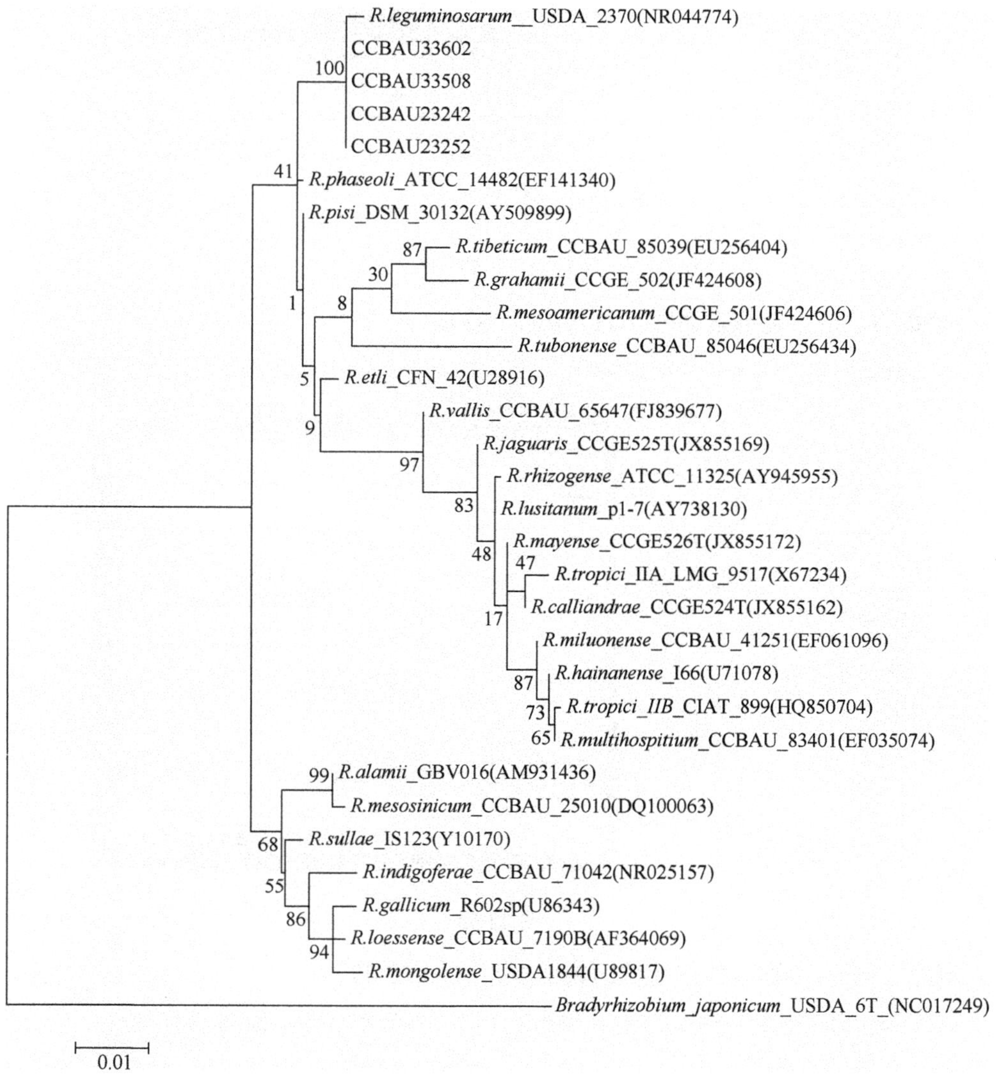


图 22-56　基于 16S rDNA 的系统发育树

### 3. 菌株间遗传距离的计算

打开 MEGA 5.50 软件，点击“Distance”→“Computer Pairwise Distance”（图 22-57）。

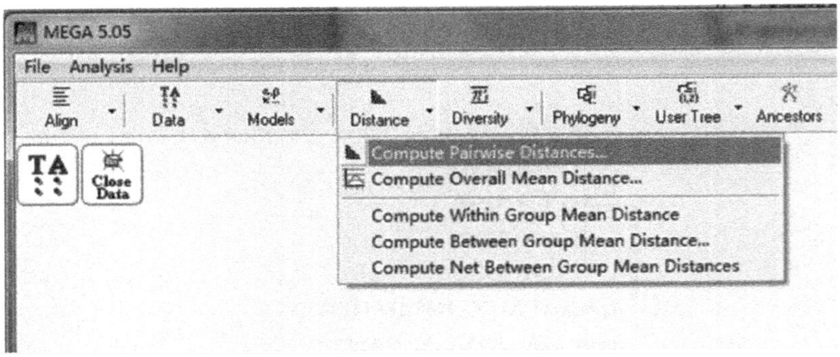


图 22-57

参数的设定与之前建树时一致（图 22-58）。

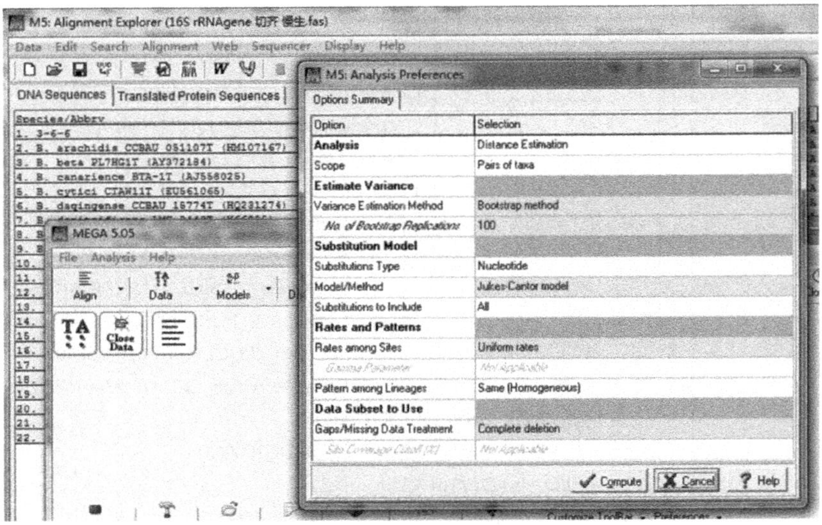


图 22-58

运行完毕后得到菌株间遗传距离的表格（图 22-59）。

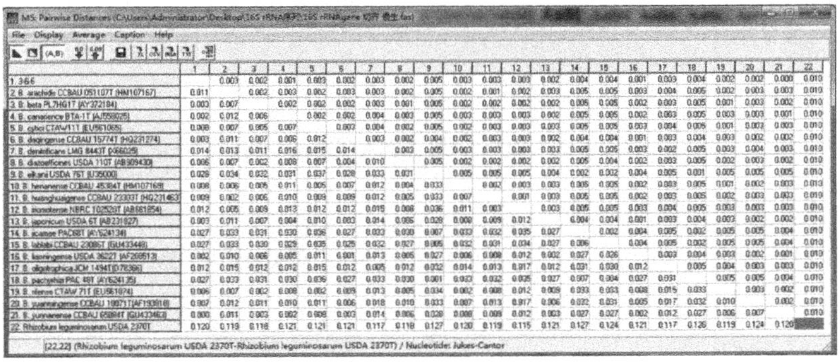

图 22-59

点击“TXT”→“Distance”→“Print/Save Matrix”，即可将文件以 txt. 的格式保存，也可拷屏保存，便于查看（图 22-60）。根据遗传距离可以计算出任何两个菌株之间的序列相似性（序列相似性=1–遗传距离）。

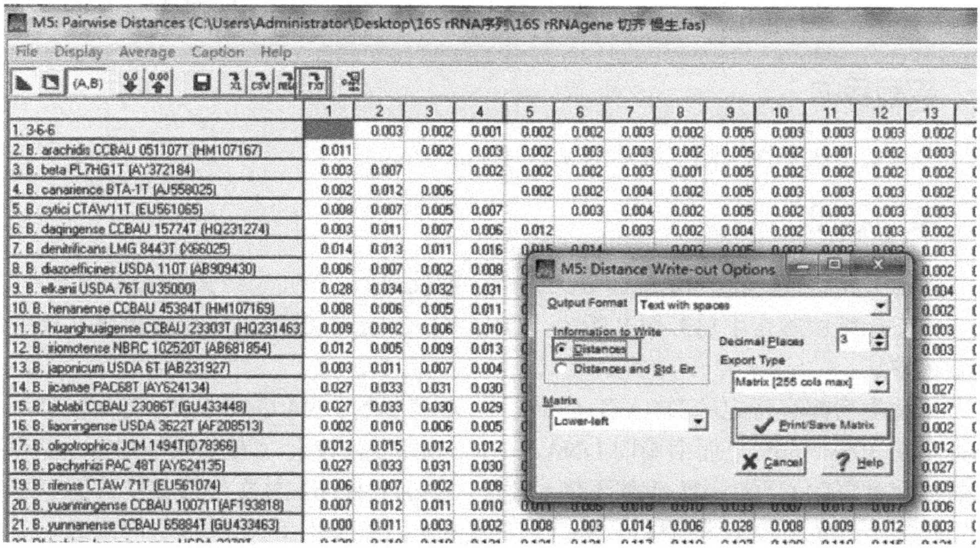


图 22-60

## 五、实验结果

1. 做出 16S rDNA 系统发育树聚类图。
2. 计算测序菌株与参比菌株的序列相似性。
3. 根据系统发育树，分析测序菌株的系统发育关系和分类地位。

## 六、思考题

1. 不同的构建系统发育树的方法（ML、NJ、MP）有何异同？
2. 系统发育树的扩展值说明了什么？

## 七、参考文献

Huson DH，Bryant D. 2006. Application of phylogenetic networks in evolutionary studies. Mol Biol Evol，23：254-267

Maddison DR，Swofford DL，Maddison WP. 1997. NEXUS：an extensible file format for systematic information. Syst Biol，46：590-621

Posada D，Crandall KA. 1998. MODELTEST：testing the model of DNA substitution. Bioinformatics，14：817-818

Tamura K，Peterson D，Peterson N，et al. 2011. MEGA5：molecular evolutionary genetics analysis using maximum likelihood，evolutionary distance，and maximum parsimony methods. Mol Biol Evol，28：2731-2739

# 实验二十三　细菌 DNA G+C mol%的测定

## 一、实验目的

学习采用热变性法测定细菌 DNA G+C mol%[①]的技术。

## 二、实验原理

细菌 DNA G+C mol%是细菌分类中一个能反映属、种间亲缘关系的遗传型特征。在《伯杰氏细菌鉴定手册》第八版中，DNA G+C mol%测定已成为细菌属、种的常规鉴定方法。

每种生物都有特定的 DNA G+C mol%。动植物的 DNA G+C mol%变化较窄，主要集中在 30%～50%，而细菌的 DNA G+C mol%变化较大，为 25%～75%，说明不同的细菌类群的 G+C mol%可能不同，因此，DNA G+C mol%在细菌鉴定方面更有价值。一般认为同种内不同菌株的 DNA G+C mol%的差异小于等于 5%，而同属不同种的差异不大于 10%。如果两个菌株的 DNA G+C mol%差别大于 10%，那就表明它们基因组（genomes）碱基序列显著不同，它们的亲缘关系较远。相反，如果两个菌株的 DNA G+C mol%相似（如小于等于 5%），则分两种情况，如序列顺序也相似，则可能属于同一个种；如序列顺序不同，则不属于同一个种。因此，测定 DNA G+C mol%的重要意义在于否定的作用。在细菌鉴定和分类中，必须将 DNA G+C mol%与 DNA 同源性、表型特征等性状相结合来进行分析。

DNA 碱基组成的测定有直接法和间接法。直接法（又称化学法）包括纸色谱法、高效液相色谱法等，它们可直接测定 DNA 水解后各种碱基的含量。间接法（又称物理法）是利用 DNA 的各种物理、化学性质与碱基组成的相关性来测定其碱基组成，常用的方法有浮力密度法和热变性法。

化学法：从细菌细胞中提取 DNA，并水解为各种核苷酸，用层析法把它们分开，利用它们对波长 250～270 nm 的紫外光有吸收作用的特点，确定它们在层析纸上的位置，经洗脱液洗脱后，用分光光度计做定量测定，由此推算 DNA G+C mol%。此法费时误差大。

物理法：热变性温度测定法（简称 $T_m$ 法），相对简单，重复性好，是现今应用的主要方法。本实验采用此法。

热变性温度测定法测定 DNA G+C mol%的原理是：当天然双链 DNA 分子在一定的离子强度和 pH 条件下逐步加热使温度升高到一定值时，碱基之间氢键不断打

---

① mol%：摩尔分数

开，互补的 DNA 双螺旋不断变成单链，导致在 260 nm 的紫外吸收明显增加（即增色效应）；当双链 DNA 完全变成单链后，紫外吸收值停止增加，这种 DNA 热变性过程在一个较窄的温度范围内完成。在热变性过程中，双链 DNA 解开一半时所对应的温度值，为解链中点温度（$T_m$ 值），$T_m$ 值随 G+C mol%的增加而增加，因为在 G≡C 碱基对中含 3 个氢键，在 A═T 碱基对中含有 2 个氢键，破坏 3 个氢键比破坏 2 个氢键需要更高的温度。这样，$T_m$ 值可反映不同细菌的 DNA G+C mol%。利用具有加热功能的紫外分光光度计可以测出 $T_m$ 值，通过理论推导的公式即可得出 DNA G+C mol%。

DNA G+C mol%计算：DNA G+C mol%含量在 25%～75%时，$T_m$ 值与 G+C mol%之间呈线形关系。总 DNA 溶解在 0.1×SSC 溶液中，其 G+C mol%的计算公式为

$$\text{G+C mol\%}=51.2+2.08\times[T_m(x)-T_m(\text{K})] \text{ 或 } \text{G+C mol\%}=2.08T_m(x)-106.4$$

式中，$T_m(x)$为待测菌株的 $T_m$ 值；$T_m$(K)为 *Escherichia coli* K-12 的 $T_m$ 值。

## 三、实验材料

### 1. 实验菌株

根瘤菌（*Rhizobium* sp.），*Escherichia coli* K-12。

### 2. 培养基及试剂

1）YMA 固体培养基：酵母膏 0.8 g，甘露醇 10.0 g，NaCl 0.10 g，$K_2HPO_4$ 0.25 g，$KH_2PO_4$ 0.25 g，$MgSO_4\cdot 7H_2O$ 0.20 g，琼脂 18.0 g，$H_2O$ 1000 mL，pH 7.0～7.2。

2）TY 液体培养基：胰蛋白胨 5 g，酵母膏 3 g，$CaCl_2\cdot 2H_2O$ 0.7 g，$H_2O$ 1000 mL，pH 6.8～7.0。

3）1×TES：50 mmol/L NaCl，5 mmol/L EDTA-$Na_2$，50 mmol/L Tris-HCl，pH8.0～8.2。

4）1×SSC：0.15 mol/L NaCl，0.015 mol/L 柠檬酸钠，pH7.0。

5）3 mol/L NaAc，1 mmol/L EDTA-$Na_2$，pH7.0。

6）20% SDS（*m*/*V*）。

7）P∶C∶I（苯酚/氯仿/异戊醇）=25∶24∶1（*V*/*V*）。

8）C∶I（氯仿/异戊醇）=24∶1（*V*/*V*）。

9）蛋白酶 K：以 20 mg/mL 的浓度溶于 SE（0.05 mol/L NaCl，0.1 mol/L EDTA，pH8.0）中，37℃ 保温自消化 1 h，–20℃保存备用。

10）RNase A：10 mg/mL（用 10 mmol/L Tris-HCl，15 mmol/L NaCl，pH7.5 溶液配制）100℃ 加热 15 min，缓慢冷却至室温，小量分装后置–20℃保存。

11）5 mol/L $NaClO_4$。

### 3. 仪器

恒温培养箱，恒温摇床，台式冷冻离心机，超声波破碎仪，Lambda Bio 35 型紫外分光光度计（图 23-1），琼脂糖凝胶电泳装置等。

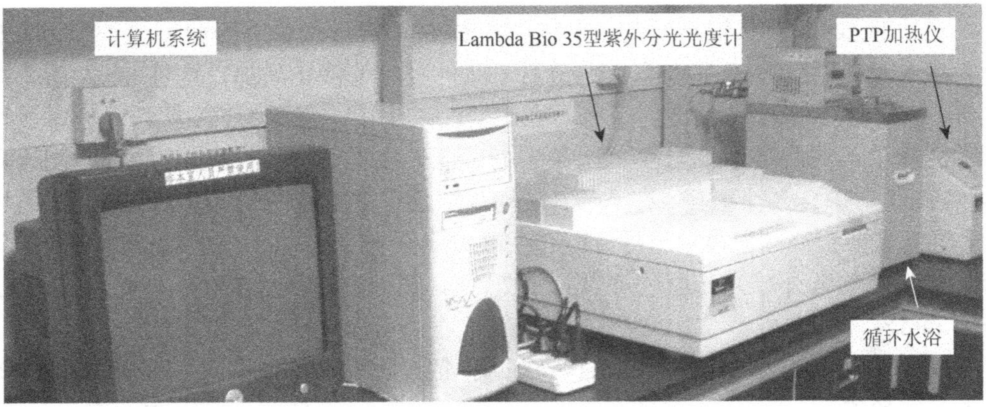


图 23-1　液相杂交仪器（Lambda Bio 35 型紫外分光光度计等）（见图版）

## 四、实验步骤

### （一）菌体准备

实验菌株经 YMA 固体培养基斜面活化后，镜检，确定无杂菌污染后，接种于 TY 液体培养基中振荡培养。28℃培养至对数生长中期后（约 40 h），收集菌体。

### （二）菌体收集

将菌液加入干净的 50 mL 离心管中，5000 r/min，离心 15 min，4℃离心收集。用 1×TES 悬浮菌体，同样条件下离心、洗涤 3 次。

### （三）DNA 提取及溶解

2 g 左右菌体，加入 TES（10 mL），充分打散菌体
　　↓加入溶菌酶（2 mg）
37℃水浴保温 30～60 min，温和摇动
　　↓20% SDS（1 mL，终浓度为 2%）
55℃水浴保温 10 min
　　↓蛋白酶 K（50 μg/mL 菌液）
55℃水浴保温 30～60 min，温和摇动
　　↓2.5 mL 5 mol/L $NaClO_4$（终浓度为 1 mol/L）
加入等体积 P∶C∶I 混合液，充分振荡使其呈乳浊液，约 10 min
　　↓5000 r/min，4℃，20～30 min 离心
吸取上层水相，重复以上步骤 2～3 次至没有蛋白膜出现
　　↓RNase A（70 μg/mL 菌液）

37℃水浴保温 30～60 min

↓

加入等体积的 C∶I 混合液，充分振荡

↓5000 r/min，4℃，20～30 min 离心

吸取上层水相置于冰浴中，然后加入 1/10 倍体积冷 3 mol/L NaAc，1 mmol/L $EDTA\text{-}Na_2$ 及等体积冷异丙醇，使 DNA 沉淀

↓用玻璃棒绕起 DNA 丝

置于 70%乙醇中，4℃冰箱过夜，以洗涤无机盐和有机溶剂

↓95%乙醇中脱水后风干

溶于 0.1×SSC 中，纯度检查符合要求后置于–20℃短期保存

### （四）DNA 纯度检测

将提取到的 DNA 样品，分别测其 260 nm、280 nm、230 nm 的吸光度值，如果 $A_{260}$∶$A_{280}$∶$A_{230}$=1.0∶0.515∶0.450，则其纯度符合实验要求。如果 $A_{280}$ 和 $A_{230}$ 分别与 $A_{260}$ 的比值大于 0.515、0.450，需重复 DNA 提取步骤中去蛋白质和 RNA 步骤，使其符合上面比例。

### （五）DNA 浓度检查

提取的总 DNA $A_{260}$ 应该大于 2.0（约 100 μg/mL）。

### （六）DNA 浓度调整

测定 G＋C mol%的 DNA 浓度应稀释为 $A_{260}$=0.2～0.5（溶于 0.1×SSC 中），DNA 溶液的离子强度对 $T_m$ 影响明显，全部供试菌株 DNA 样品的溶解及 $T_m$ 值测定中所需 SSC 缓冲液均需来自同一瓶 10×SSC 母液。

### （七）测定菌体 DNA G+C mol%含量

热变性法测定菌株 DNA G+C mol%。

### （八）$T_m$ 值的测定方法

以 *Escherichia coli* K-12 菌株的 $T_m$ 值作参比，以消除温度及其他实验误差，*Escherichia coli* K-12 菌株的 DNA 准备和要求同前。测定方法如下。

**1. 开机**

1）打开紫外分光光度计电源（预热 20 min）。

2）打开循环水浴电源。

3）打开温度控制器（PTP-1）电源。

4）打开计算机。

**2. 设置参数**

1）打开 UV Winlab 软件：双击桌面图标“UV Winlab”快捷方式，计算机即顺序安装服务系统（GrapH Sever，Instrument Sever，Report Builder）并出现其方法窗口。

2）单击“时间驱动 Td 方法”，出现其窗口，双击窗口内“DNA DEF.MTD”应用软件，出现其界面，通过“Timed”、“Inst”、“Sample”参数设置页来设定合适的测定参数。

3）检查无误后，单击“Setup”键（注意：绝不能按“Start”键），将仪器调整到所设定的状态。当仪器达到状态时，“Setup”键消失，同时工具条件中的“Start”变成绿色，指示分光光度计已准备好开始运行。

4）将 UV Winlab 的窗口最小化（绝对不能关闭）。

5）从程序中选“Templab”方法：单击“开始”→“程序”→“PE Application”→“Templab”双击，出现其窗口，通过“Steup”、“Controller”、“Goto”、“Instrument”设定合适参数，检查无误后单击“Start”键，出现对话框。

**3. 测定**

1）仪器调零：将两个石英比色杯中各加入 1 mL 参比液，然后放入两个比色架内，击对话框中“Y”（是），仪器进行调零。

2）$T_m$ 值测定：调零结束后出现对话框，此时将靠近操作者的比色杯换上 DNA 样品，插上温度传感器探头，单击对话框中“N”（否），仪器开始升温，当达到设定温度时，屏幕则显示吸光度值/温度曲线（图 23-2）。

3）测定结束：仪器已自动结束，按“Stop”键停止该方法（此时请注意 PTP-1 中的 CTRL/PROG 灯应灭），将该窗口最小化。

**4. 数据处理**

1）将 UV Winlab 窗口最大化。

2）单击“Data handling”，再单击“Data Calculator”，出现其窗口，在“Algorithm”中选“Derivation”。

3）在“Dataset”方格中，选择原始数据名称，屏幕出现所测定的吸光度值/温度曲线。

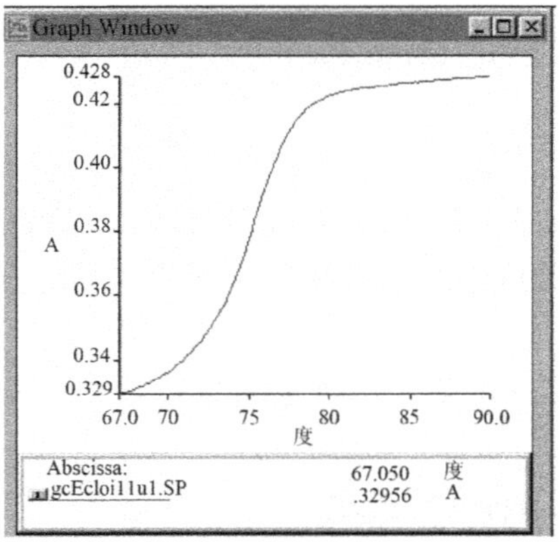


图 23-2 DNA G+C mol% 测定吸光度值/温度关系曲线（见图版）

4）在“Derivative order”选“1”，表示一阶导数。

5）在“Number of points”调到 50 左右，使导数光谱图平滑。

6）在“Result”输入结果文件名。

7）单击“Calculation”，出现一阶导数光谱图。

8）单击光标功能键“Activate Vertical Cursor”，在导数光谱图中出现绿色光标，移动光标到吸光值最高峰，其对应的温度即 $T_m$ 值（图 23-3）。

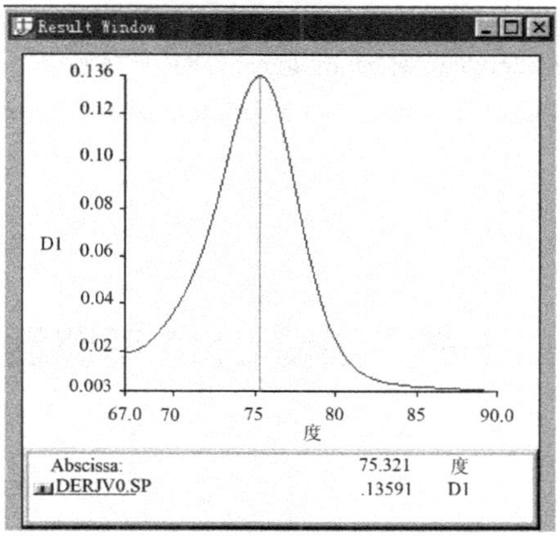


图 23-3 DNA G+C mol% 测定 $T_m$ 值（见图版）

**5. 输出结果**

1）建立报告：单击报告图标“Copy to Report Builder”可建立报告。

2）转存软盘：单击存盘图标“Copy to Disk”。

3）打印结果：单击打印图标“Print Result”。

**6. 计算 DNA G+C mol%**

根据公式计算 DNA G＋C mol%。

## 五、实验结果

1. 计算所测菌株的 G+C mol%。
2. 附上计算机所绘的吸光度值/温度曲线图和 $T_m$ 值图。

## 六、思考题

1. 菌株的 DNA 提取中应注意哪些问题？
2. 如果 DNA 纯度达不到要求，会出现什么问题？
3. 影响本实验结果的关键问题有哪些？为什么？

## 七、参考文献

程广胜，朱厚础，周方. 1988. 分析微生物学专集. 北京：科学出版社：88-98

林万明. 1990. 细菌分子遗传学分类鉴定法. 上海：上海科学技术出版社
de Ley J. 1968. DNA base composition and hybridization in the taxonomy of phytopathogenic bacteria. A Rev Phytopath，6：63-90
de Ley J. 1970. Reexamination of the association between melting point，buoyant density，and chemical base composition of deoxyribonucleic acid. J Bacteriol，101：737-754
de Ley J，Cattoir H，Reynaert S. 1970. The quantitative measurement of DNA hybridization from renaturation rates. Eur J Biochem，12：133-142
Johnson JL. 1985. Determination of DNA base composition，DNA reassociation and RNA hybridization of bacterial nucleic acid. Methods in Microbiology，18：1-74
Marmur J. 1961. A procedure for the isolation of deoxyribonucleic acid from microorganism. J Mol Biol，3：208-218

# 实验二十四　细菌 DNA 同源性测定

## 一、实验目的

学习液相复性速率法测定细菌间 DNA-DNA 的同源性。

## 二、实验原理

不同生物 DNA 碱基排列顺序差异越大，它们的亲缘关系就越远；反之亦然。对不同细菌 DNA 碱基排列顺序的分析比较，可以探讨细菌之间的亲缘关系和进行细菌的分类鉴定。DNA 同源性测定（DNA-DNA 杂交）是比较 DNA 碱基排列顺序的相似性的方法之一。

双链结构的 DNA 分子在一定条件下（加热或变性剂处理），两条互补的链可以解开，分离成两条单链，即 DNA 变性，导致在 260 nm 的紫外吸收明显增加（即增色效应）；去除变性因素后，在适宜的条件下，变性 DNA 的两条互补的单链又可以重新组合成双链分子，这一过程称 DNA 复性，导致在 260 nm 的紫外吸收明显减少（即减色效应）。不仅同一菌株的 DNA 单链可以复性成双链，即使来自不同菌株的 DNA 单链，只要二者 DNA 分子的碱基序列具有同源性，它们也会在其同源序列之间互补形成双链（即杂交）。细菌 DNA 同源程度越高，杂交率也越高；反之亦然。

核酸分子杂交的方法很多，按杂交反应环境可大致分为液相杂交和固相杂交两个基本类型，前者杂交反应在液体中进行，后者杂交反应在固体（通常是硝酸纤维素膜）上进行。固相杂交需要同位素标记 DNA，而 DNA 标记的方法又分体内（活体）标记和体外标记两种。液相复性速率法是一种不需要同位素标记的液相杂交方法。本实验采用液相复性速率法。

液相复性速率法的依据是细菌等原核生物的 DNA 通常不包含重复序列，在液体中复性（或杂交）时，同源 DNA 比异源 DNA 复性速度快，同源性越高，复性速度就越快。DNA 的复性速度可以用紫外分光光度计来测定，根据复性速率和理论推导的公式，可以计算出不同细菌的 DNA 杂交率。

DNA 同源性（$H$）是据 de Ley 等（1970）公式计算的。

$$H = \frac{4V_{\mathrm{m}} - (V_a + V_b)}{2\sqrt{V_{\mathrm{a}} \times V_{\mathrm{b}}}} \times 100\%$$

式中，$V_a$ 为样品 A 的自身复性速率；$V_b$ 为样品 B 的自身复性速率；$V_{\mathrm{m}}$ 为样品 A 与 B 等量混合后的复性速率。

一般情况下，$V_a$ 或 $V_b > V_{\mathrm{m}} > (V_a+V_b)/4$。

## 三、实验材料

具体实验材料同实验二十三。

## 四、实验步骤

### （一）菌体培养、DNA 提取等

具体要求同实验二十三。

### （二）DNA 样品的纯度和离子强度要求同 G+C mol%测定方法

DNA 片段的大小一般要求为 $2\times10^5$～$5\times10^5$ Da（300～800 bp）。DNA 样品的剪切采用超声波法（2 mL 样品，超声功率 40 W，超声 3 s，间隔 4 s，循环 90 次，共剪切 3 次），剪切片段的合适大小需用琼脂糖凝胶电泳进行观察，剪切后的 DNA 浓度 $A_{260}$=1.5～2.0（溶于 2×SSC 中），不能高于 2.3。

### （三）DNA 复性速率的测定

#### 1. 开机

1）打开紫外分光光度计的电源（预热 20 min）。

2）打开循环水浴电源。

3）打开 PTP-1 电源。

4）打开计算机电源。

#### 2. 打开 UV Winlab 应用软件

在桌面上双击 UV Winlab 图标，出现其方法窗口，此时仪器已准备好。

**3. 在方法窗口中选择时间驱动 TD 方法，设定合适的测定参数**

1）Setup：当所需的各参数通过 Timed. Inst. Sample 设置页设定好后，用鼠标单击“Setup”，将仪器调整到所设定的状态。当仪器达到状态时，“Setup”消失，同时工具条中的“Start”变成绿色，指示分光光度计已准备好运行。

2）仪器调零：鼠标单击时间驱动 TD 方法中的“Autozero”键，出现对话框，放入参比液仪器调零。

3）DNA 变性：将剪切好的 DNA 样品 400 μL 装入石英比色杯中，将石英比色杯放入可加热的比色架内，然后插入温度传感器探头。将 PTP-1 温度设定为 95℃（注意温控器此时作为 controller 使用，故 CTRL/PROG 灯不亮）：按下“Func.”键，出现 SP 参数状态，通过“▲”和“▼”键储存该温度值，当温控器显示屏的上层温度显示达到所设定的温度（95℃）时，开始计时并维持 10～15 min。

4）设定复性温度［Tor=0.51×(G+C mol%)+47］：上述 DNA 样品变性结束后，立刻将 PTP-1 温控器的温度设定为最适复性温度（本实验设为 76℃）。几分钟后，当温控器显示屏的上层温度稳定达到设定最适复性温度后，即开始测定复性速率（*注意：两菌的自身复性和杂交尽量连续进行，两菌的 DNA 浓度尽量一致，杂交样品由 A、B 等量混合*）。

5）复性速率的测定：鼠标单击 UV Winlab 时间驱动 TD 方法窗口内的对话框中的“Start”，紫外分光光度计即开始运行，同时计算机屏幕出现图形窗口，将结果显示出来（图 24-1）。

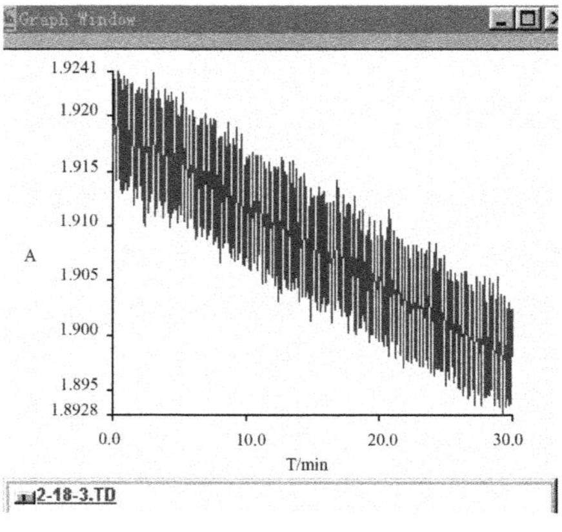


图 24-1　DNA 复性过程中吸光度值与时间关系图（见图版）

6）数据处理：测定完成后，在 UV Winlab 方法窗口的任务栏中选“Data handling”，再选“Data calculator”，在其中的“Algorithm”栏中选择“Slope”，然后在“Dataset”中调出要处理的数据，选择计算范围，最后单击“Calculate”键，计算机将按程序计算所测直线的斜率（slope），即样品的复性速率。

### 4. 计算 DNA 同源性

根据公式计算 DNA 同源性。

## 五、实验结果

1. 计算所测菌株的 DNA 同源性(要求附上计算机所绘的杂交曲线并求出斜率)。
2. 说明哪些因素会影响本实验结果的准确性。

## 六、思考题

1. 分析自身不复性可能是由哪些原因造成的?
2. 复性温度设定好后，仪器在温度下降中会向下俯冲，然后再升高到复性温度，正确的复性起始时间应从何时开始?

## 七、参考文献

具体参考文献同实验二十三。

# 实验二十五　DNA 限制性片段长度多态性分析

## 一、实验目的

1. 熟悉 DNA 限制性片段长度多态性分析技术原理及实验步骤。
2. 掌握琼脂糖凝胶电泳检测方法。

## 二、实验原理

传统的细菌分类技术以生理生化特性分析为主，随着现代生物技术的发展，DNA 指纹图谱技术（DNA-fingerprinting technique）广泛应用于细菌分类研究，最先应用的是细菌全基因组 DNA 限制性片段分析技术，具体方法为提取细菌基因组 DNA，用限制性内切酶进行酶切，再用琼脂糖凝胶电泳分析限制性酶切片段的长度多态性，即 RFLP（restriction fragment length polymorphism）。由于基因组 DNA 的酶切片段组分较复杂，利用该方法准确分析细菌基因组特性比较困难。

rRNA 存在于所有生物细胞中，参与蛋白质的合成，其序列保守性强，进化非常缓慢，片段大小适中，是反映生物进化过程的“计时器和进化钟”（chronometer），美国科学家卡尔·沃斯于 20 世纪 70 年代将 16S rDNA 片段应用于原核生物系统发育研究工作。16S rDNA 片段采用聚合酶链反应（polymerase chain reaction，PCR）扩增，

PCR 反应主要过程为，在扩增缓冲液体系中，模板 DNA 在 95℃左右变性解链，在 50～70℃退火温度条件下（不同引物的 G+C 含量不同，退火温度有差异）分别与加入的一对引物的互补序列复性结合，引物在 DNA 聚合酶作用下，在 72℃沿模板序列 5′→3′方向延伸，合成与目的 DNA 片段互补的新链。经过 30～40 个循环即可获得百万倍以上的目的 DNA 片段。

16S rDNA PCR-RFLP 就是利用 PCR 技术扩增出供试细菌的 16S rDNA 片段，然后选择合适的限制性内切酶酶切，再通过琼脂糖凝胶电泳得到供试菌株的电泳图谱，根据酶切片段的不同对细菌进行分群，16S rDNA PCR-RFLP 主要用于细菌属、种水平的分类鉴定。该技术具有特异性较强、操作简便、耗时短等优点。

## 三、实验材料

**1. PCR 反应体系**

供试根瘤菌 DNA（50 ng/μL），16S rDNA 引物 P1：5′-AGA GTT TGA TCC TGG CTC AGA ACG AAC GCT-3′，P2：5′-TAC GGC TAC CTT GTT ACG ACT TCA CCC C-3′，分别配制引物浓度至 20 μmol/L，*Taq* DNA 聚合酶（5U/ μL），2×PCR mixture，dNTP（2.5 mmol/L），灭菌超纯水（$ddH_2O$），限制性内切酶 *Hae* Ⅲ、*hin*f Ⅰ、*Msp* Ⅰ、*Taq* Ⅰ（10U/μL），10×酶切缓冲液。

**2. 试剂**

2%的琼脂糖凝胶，5×TAE，6×上样 buffer，DNA marker，溴化乙锭（EB）储存液（10 mg/mL）。

**3. 器材**

凝胶成像仪，PCR 仪移液器，枪头，离心管，恒温水浴锅，琼脂糖凝胶电泳仪，台式高速离心机等。

## 四、实验步骤

### （一）PCR 扩增

PCR 反应体系体积为 20 μL，其成分如下。

| | |
|---|---|
| $ddH_2O$ | 8 μL |
| *Taq* mixture（2×） | 10 μL |
| 引物 P1（20 μmol/L） | 0.5 μL |
| 引物 P2（20 μmol/L） | 0.5 μL |
| 模板 DNA（50 ng/μL） | 1.0 μL |

将各组分物质按以上顺序依次加入到 PCR 管中，轻轻振荡混匀后，离心 5 s，放入 PCR 仪（图 25-1）进行扩增反应。

图 25-1　PTC 200 PCR 仪

PCR 反应程序：

初始变性94℃ 3 min

变性94℃ 1 min
退火55℃ 1 min
延伸72℃ 2 min
（以上 30个循环）

最终延伸72℃ 7 min

4℃保存

PCR 扩增产物用 0.8%的琼脂糖凝胶电泳检测，凝胶成像系统检测扩增片段长度及浓度，将样品保存于–20℃备用。

（二）RFLP 分析

**1. 内切酶**

实验选用 *Hae* Ⅲ、*Hin*f Ⅰ、*Msp* Ⅰ和 *Taq* Ⅰ 4 种限制性内切酶，识别序列和酶切位点如下。

*Hae* Ⅲ：5′-GG/CC-3′　　*Hin*f Ⅰ：5′-G/ANTC-3′

*Msp* Ⅰ：5′-C/CGG-3′　　*Taq* Ⅰ：5′-T/CGA-3′

**2. 酶切体系**

| | |
|---|---|
| $ddH_2O$ | 7～9 μL |
| buffer（10×） | 2 μL |
| 牛血清清蛋白（BSA） | 2 μL |
| 内切酶（10U/ μL） | 1 μL |
| PCR 产物 | 6～8 μL |

根据限制性内切酶的最适作用温度，将酶切体系置于 37℃（或 *Taq* Ⅰ为 65℃）水浴条件下酶切反应 3～6 h。

**3. 琼脂糖凝胶电泳**

1）2%琼脂糖凝胶制备。取有机玻璃内槽，洗净晾干，将内槽放入制胶槽内，保持制胶槽水平。称取 1 g 琼脂糖于 200 mL 三角瓶内，加入 50 mL 1×TAE，充分摇匀后用微波炉或电炉加热，沸腾后不时摇动至琼脂糖全部溶解，得到 2%琼脂糖凝胶液，室温冷至 65℃左右，加入浓度为 10 mg/mL 溴化乙锭储备液 2.5 μL，使琼脂糖凝胶中溴化乙锭终浓度为 0.5 μg/mL。小心混匀后缓慢倒入制胶槽，在整个有机玻璃板表面展开形成均匀胶层，注意避免产生气泡；灌胶完毕随即在距制胶槽边沿 1 cm 处放入梳齿，室温完全冷却凝固后，轻轻拔出梳齿。

2）电泳。将琼脂糖凝胶放入电泳槽中，倾入适量电泳缓冲液，以盖过胶面 1 mm 为宜，预电泳 10 min。取酶切体系 10 μL，加 2 μL 6×上样 buffer，混匀后加入样品孔，100 V 电泳 50 min。

3）凝胶成像检测。电泳结束，取出凝胶用蒸馏水冲洗，用 Biorad 凝胶成像仪（图 25-2）扫描 PCR-RFLP 图谱，将检测结果以 JPG 或 TIFF 文件格式保存备用。

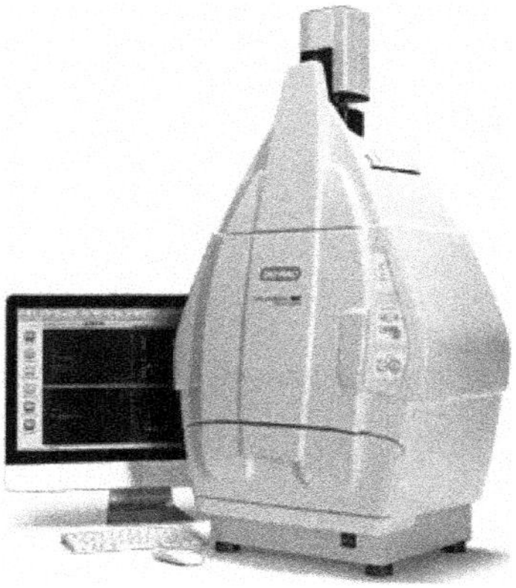

图 25-2　凝胶成像系统（BIO-RAD ChemiDoc™ MP 系统）

（三）聚类分析

采用遗传分析软件 NTSYS-pc2.10（http://www.exetersoftware.com/）或 Gelcompar Ⅱ（http://gelcompar.com/）对限制性内切酶酶切图谱进行聚类分析，获得菌株间聚类树状图，从而确定供试菌株的遗传分群和多样性特征。

## 五、实验结果

根据供试菌株 16S rRNA PCR-RFLP 聚类结果，分析供试菌株间的遗传关系。

## 六、思考题

1. PCR 扩增中应注意哪些因素？

2. 酶切体系中加入 BSA 的作用是什么?

## 七、参考文献

戚洪泉，郭立忠. 2010. 微生物实验教程. 北京：高等教育出版社
朱旭芬. 2011. 现代微生物学实验技术. 杭州：浙江大学出版社
http：//www.sci-support.com/images/300/1735.jpg[2013-11-28]
http：//www.bio-rad.com/zh-cn/product/chemidoc-mp-system?pcp_loc=catprod[2013-11-29]

# 实验二十六　细菌 DNA 扩增片段长度多态性分析

## 一、实验目的

学习和掌握细菌 DNA 扩增片段长度多态性分析分子标记技术的原理、操作方法和实验注意事项，掌握应用 AFLP 指纹图谱技术研究细菌遗传多样性的方法。

## 二、实验原理

AFLP（Amplified Fragment Length Polymorphism），即扩增长度多态性，是 1992 年由荷兰科学家 Zeabeau 和 Vos 发明的一种检测 DNA 多态性的方法。其主要特点是对基因组 DNA 用两种限制性内切酶进行双酶切，形成分子质量大小不等的限制性酶切片段，其中一种内切酶切点少，如具有 6 碱基识别位点的 *Eco*R Ⅰ，酶切片段较大而数量较少，一种内切酶切点多，如具有 4 碱基识别位点的 *Mse* Ⅰ，酶切片段小而数量大；*Eco*R Ⅰ 和 *Mse* Ⅰ 双酶切后产生了 3 种片段，*Mse* Ⅰ-*Mse* Ⅰ 片段、*Eco*R Ⅰ-*Eco*R Ⅰ 片段和 *Eco*R Ⅰ-*Mse* Ⅰ 片段，以 *Eco*R Ⅰ-*Mse* Ⅰ 片段为主要酶切产物。然后把酶切片段与有共同黏性末端的人工接头连接，连接后的黏性末端序列和接头序列作为 PCR 反应引物的结合位点，通过 PCR 反应对酶切片段进行预扩增和选择性扩增。由于限制性片段太多，全部扩增则产物难以在胶上分开，为此在引物的 3′端加入 1～3 个选择性碱基，这样只有那些能与选择性碱基配对的片段才能与引物结合，成为模板被扩增，从而达到对限制性片段进行选择扩增的目的；最后通过聚丙烯酰胺凝胶电泳，将这些特异性的扩增产物分离开。

AFLP 结合了 RFLP 和 PCR 的优点，灵敏度高、分辨力强，指纹图谱的差异可以与菌株或相近种内基因的变化相对应，这是其他表型分析和分子生物学方法难以做到的。因此，可以在亚属、种和亚种水平对微生物进行分类，尤其对区别高度相关的菌株（同一个种或同一个生物型）具有很大的潜力。

## 三、实验材料

### 1. 仪器

涡旋振荡器，离心机，培养箱，微量移液器，制冰机，离心机，PCR 仪，测序电泳槽等。

### 2. 实验试剂

*Mse* Ⅰ，*Eco*R Ⅰ，10×酶切缓冲液，*Mse* Ⅰ接头，*Eco*R Ⅰ接头，T4 DNA 连接酶，*Mse* Ⅰ引物，*Eco*R Ⅰ引物，dNTP，10×PCR 缓冲液，*Taq* DNA 聚合酶，聚丙烯酰胺，琼脂糖，无菌去离子水。

### 3. 供试菌株

假单胞菌属的不同菌株。

## 四、实验步骤

### （一）基因组 DNA 提取

细菌 DNA 提取采用硅藻土（GUTC）法。将供试菌株在 LB 液体培养基中培养至对数生长期，取 1.5 mL 至无菌离心管，10 000 r/min 离心 3 min，倾去上清液，无菌水洗涤 2 次。加入 300 μL GUTC 缓冲液，充分混匀，室温放置 10 min 后，10 000 r/min 离心 2 min；上清液转移至另一离心管中，加入 30～40 μL 预先混匀的硅藻土缓冲液，振荡均匀后室温放置 15 min，10 000 r/min 离心 30 s，弃去上清；用 300 μL 洗涤缓冲液洗涤硅藻土沉淀 3 次，再用 200 μL 70%的乙醇洗涤 1 次，10 000 r/min 离心 2 min，弃去乙醇溶液，真空抽干；向每管加入 30～40 μL 超纯水，在涡旋振荡器上充分混匀，55℃保温 10 min，10 000 r/min 离心 5 min，将上清液移至另一支离心管，该溶液即 DNA 样品，用 0.8%琼脂糖凝胶（含 EB 0.5 μg/mL）电泳检测片段大小，放于–20℃冰箱保存。

### （二）DNA 酶切连接

在 200 ng DNA 中，加入 10×酶切连接缓冲液 2 μL，*Eco*R Ⅰ（12 U/μL）2 μL，*Mse* Ⅰ（4 U/μL）1 μL，*Eco*R Ⅰ连接头（5 μmol/L）0.5 μL，*Mse* Ⅰ连接头（表 26-1）（10 μmol/L）1 μL，T4 DNA 连接酶（4 U/μL）1μL，用超纯水补足 20 μL，再加入 20 μL 矿物油，37℃酶切处理 12～14 h，反应液置–20℃保存，作为扩增模板。

**表 26-1　AFLP 分析中 *Mse* Ⅰ及 *Eco*R Ⅰ的酶切位点及连接头**

| | 限制性内切酶 *Mse* Ⅰ | 限制性内切酶 *Eco*R Ⅰ |
|---|---|---|
| 酶切位点 | 5′-T/TAA-3′ | 5′-G/AATTC-3′ |
| 接头 | 5′-CTCGTAGACTGCGTACCAATTCCAC-3′<br>3′-CATCTGACGCATGGTTAAGGTG-5′ | 5′-TCGTTACTCAGGACTCAT-3′<br>3′-AGCAATGAGTCCTGAGTAGCAG-5′ |

### （三）AFLP 分析

**1. 扩增**

具有选择性碱基引物：*Mse* Ⅰ 5′-GACTGCGTACCAATTCGC-3′（选择性碱基为GC），*Eco*R Ⅰ 5′-GATGAGTCCTGAGTAACG-3′（选择性碱基为 CG）。

反应液组成：10×*Taq* PCR 缓冲液 2 μL，dNTP（2×）2 μL，具有 2 个选择性碱基的 *Eco*R Ⅰ 引物（5 μmol/L）和 *Mse* Ⅰ 引物（10 μmol/L）各 1 μL，*Taq* DNA 聚合酶（2 U/μL）1 μL，经酶切连接的模板 DNA 1 μL，用超纯水补充至总体积 20 μL，再加矿物油 20 μL，PTC-200 型 PCR 仪扩增。

扩增反应程序：94℃初始变性 3 min，随后 93℃变性 30 s，59℃退火 1 min，72℃延伸 1 min，重复 30 个循环，最后 72℃延伸 3 min。

**2. 电泳**

1）样品变性。取 PCR 扩增产物 3 μL 与等体积的上样 buffer 在 PCR 管中混合后，用 5 μL 矿物油覆盖，95℃加热变性 3 min，然后迅速放入冰浴中冷却以防止 DNA 二级结构的形成。DNA marker 也进行同样的热变性处理。

2）聚丙烯酰胺凝胶制备。①制胶。40%聚丙烯酰胺 5 mL，含 8 mol/L 尿素的 TTT 缓冲液（Tris base 10.8 g/L，Taurine 或 Taurin 3.6 g/L，0.5 mol/L EDTA 1 mL）35 mL，混合均匀即成 5%丙烯酰胺凝胶。②灌胶。将电泳用玻璃板洗净，用 75%乙醇洗涤表面，晾干，分别均匀涂抹剥离硅烷和亲和硅烷，固定好玻板。灌胶前在配制好的 40 mL 浓度为 5%丙烯酰胺凝胶中分别加入 100 g/L 过硫酸铵（APS）187 μL，TEMED（*N*，*N*，*N*′，*N*′-四甲基乙二胺）18 μL，充分混匀后迅速用注射器从胶板一端缓慢注入凝胶，直至凝胶完全充满玻板间隙；插入电泳梳齿，室温放置 45 min 使其充分凝固。特别注意在灌胶过程中防止胶板中产生气泡。

3）电泳。将胶板放入电泳槽，加好电泳缓冲液，每个样品各取 2 μL 点样。电泳条件：电泳初期 400 V 电泳 15 min，样品进胶后调整至 2000 V，电泳 1.5 h，直至染料前端移动至凝胶末端为止（图 26-1）。

A

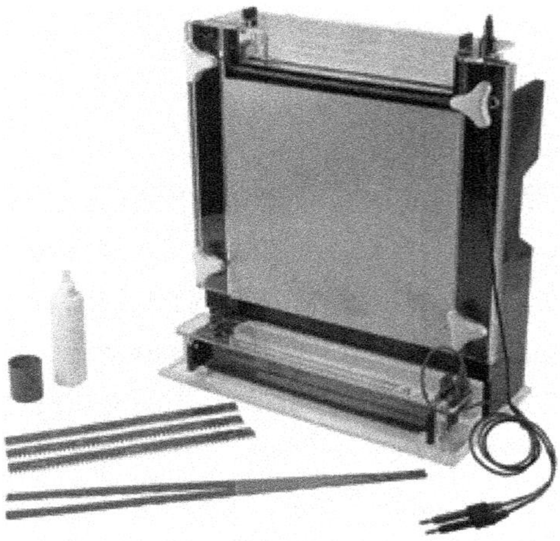

B

图 26-1　电泳仪（DYY-10C 型）（A）和测序电泳槽（JY-CX3B 型）（B）（见图版）

**3. 银染**

1）固定。电泳结束分离玻板，放入 10%的乙酸溶液中洗涤凝胶 15 min，重复 2～3 次。

2）洗涤。用超纯水充分振荡洗涤凝胶 3 次，每次 5 min。

3）染色。将洗涤后的凝胶放入染色液（$AgNO_3$ 1 g，37%甲醛 1.5 mL，超纯水 1000 mL）中，充分振荡 45 min。

4）显影。染色完毕，取出玻板将玻板放入超纯水中迅速洗涤 10 s 左右，除去表面残留的 $AgNO_3$，随即将染色后的玻板凝胶放入 1000 mL 显影液（60 g $Na_2CO_3$ 加入 2000 mL 超纯水中，至冰浴中冷却备用，临用前加入 3 mL 37%的甲醛和 400 μL10 g/L 的硫代硫酸钠溶液），充分振荡，直至凝胶开始显现第一条带，再将其移入另外的 1000 mL 显影液中继续显影直到所有条带出现。

5）显影。将凝胶放入 10%的冰醋酸中数分钟以终止显影。

6）干燥。将染色显影后的凝胶置于 60℃烘干 40 min，或室温下过夜干燥。

**4. 凝胶扫描**

干燥的凝胶用扫描仪（HP DeskjetⅡ）进行扫描（图 26-2），凝胶的图像以 TIFF 文件形式保存。

**5. 电泳图谱聚类分析**

电泳图谱分析应用 GelcomparⅡ凝胶分析软件程序进行，该软件首先计算出电泳带型之间的相似性系数（SD），SD=2Ns/Nt，其中 Ns 为相同的电泳条带数，Nt 为两个相比较的电泳带型条带总数，再建立相似性矩阵，最后采用非等重的平均连锁法（UPGMA）进行聚类分析，获得供试菌株的聚类树状图（图 26-3）。

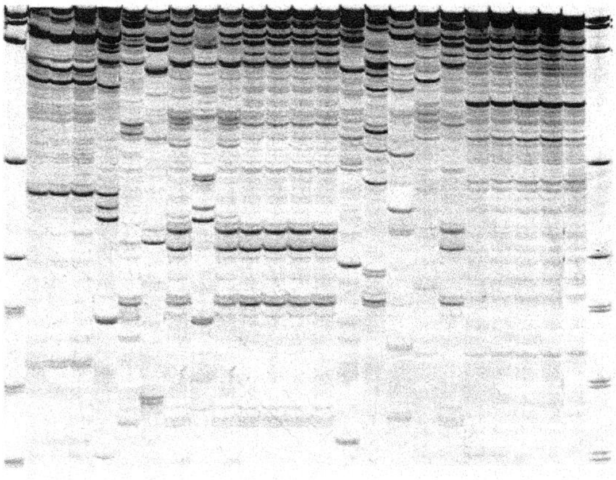

图 26-2　葛藤根瘤菌 AFLP 指纹图谱

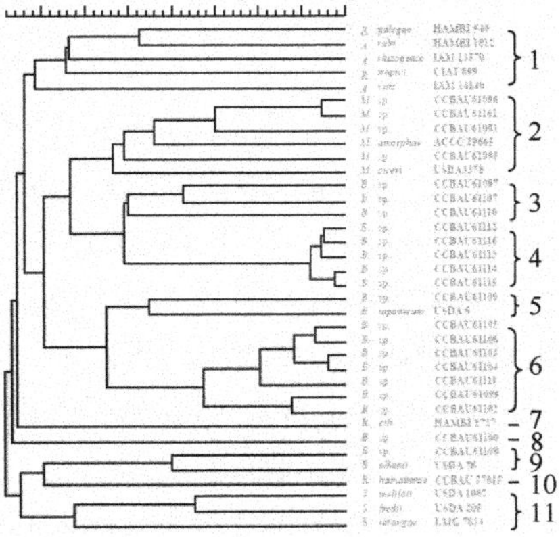


图 26-3　葛藤根瘤菌 AFLP 聚类分析

## 五、实验结果

根据 AFLP 图谱和聚类结果分析供试菌株间的遗传多样性，结合其他相关研究结果撰写实验报告。

## 六、思考题

1. 选择内切酶应考虑哪些因素？
2. 银染过程中需要注意哪些事项？

## 七、参考文献

高俊莲，陈文新，Zewdu T，等. 1999. 应用 AFLP 技术对斜茎黄芪根瘤菌遗传多样性的分析研究. 应用与环境生物学报，5（4）：387-395

张小平，陈强，李登煜，等. 1999. 用 AFLP 技术研究花生根瘤菌的遗传多样性. 微生物学报，49（6）：483-488

Vos P，Hogers R，Bleeker M，et al. 1995. AFLP：a new technique for DNA fingerprinting. Nucleic Acid Research，23：4407-4414

http: //www.bjjunyi.com/products_detail/&productId=43.html[2013-12-1]

http: //www.ly.com.cn/productdetail.asp?id=91[2013-12-2]

# 实验二十七　随机引物 PCR 扩增基础上的 DNA 指纹分析

## 一、实验目的

1. 学习利用随机引物 PCR 扩增基础上的 DNA 指纹分析微生物间差异的原理。
2. 掌握 Rep-PCR、ERIC-PCR 和 BOX-PCR 3 种微生物 DNA 指纹分析的操作方法。

## 二、实验原理

Rep-PCR（Repetitive sequence PCR）是利用在微生物基因组中广泛存在的重复序列为引物，以微生物基因组 DNA 为模板进行的 PCR 指纹图谱分析技术。由于这些重复序列在所有原核生物基因组中随机存在，PCR 扩增后可电泳检测到稳定而多样的带型。每个 PCR 扩增条带都代表实验菌株基因组中任意两个重复序列间的片段，由于不同菌株基因组中的重复序列数量不同，在基因组中的分布位置不同，两个重复序列间的距离也不同，所产生的 PCR 条带数量和大小多样，形成了被测菌株的特异性指纹图谱，从而可以鉴别微生物菌株间的差异（图 27-1）。Rep-PCR 依据的微生物重复序列有 3 种，分别为：基因外重复回文序列（repetitive extragenic palindromic，Rep），肠杆菌属菌株基因间重复共有序列（enterobacterial repetitive intergenic consensus，ERIC）和 BOX 插入元件，基于它们的 PCR 方法分别被称为 Rep-PCR、ERIC-PCR 和 BOX-PCR。

REP 序列最早是由 Gilson 在 *Escherichia coli* 及 Higgins 在 *Salmonella typhirnurium* 中发现的一段 38 bp 的反向重复序列，在 *Escherichia coli* 中 REP 序列有 500～1000 个拷贝，占整个基因组的 1%左右。REP 序列能组成一个稳定的茎环结构，在该序列的中心区域还可形成一个 5 bp 的可变环。在 REP 序列茎环结构的对称臂上，如果一侧的某一碱基突变，另一侧也会发生相应变化，以维持其回文结构。REP 序列一般位于多顺反子的基因间区域，也可位于 3′端可转录的非编码区。与 REP 序列同源的短重复序列在绝大多数细菌中都存在，由于其在细菌基因组内的分布是普遍而随机的，而且在不同的属、种和菌株之间具有高度保守性，因此在其基础上开发的 Rep-PCR 技术可形成细菌的特异性指纹图谱（图 27-1）。

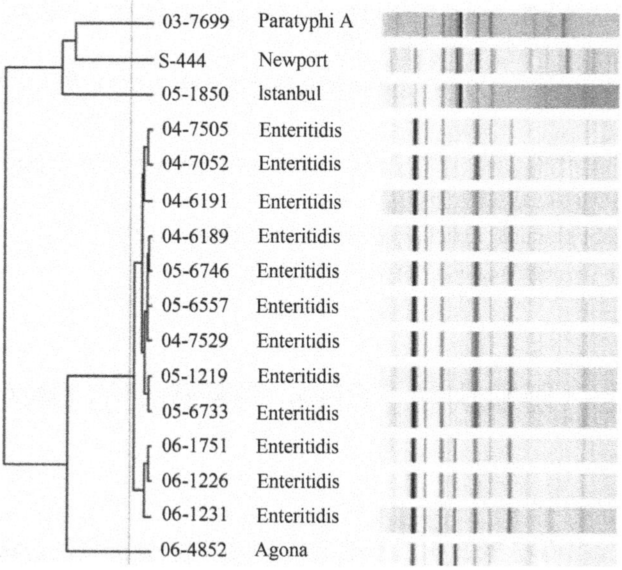


图 27-1　Rep-PCR 扩增得到的 DNA 指纹图谱

ERIC 序列最早是 Hulton 等 1991 年在 *Escherichia coli*、*Salmonella typhimurium* 及其他肠道细菌基因组中发现的。同年，Versalovic 等发明针对 ERIC 序列设计引物并进行 PCR 扩增的技术，以用于对细菌的基因组 DNA 进行指纹图谱分析，并将该技术申报专利。此后，ERIC-PCR 技术就被广泛应用于细菌分类和菌种鉴别上。大量研究结果表明，除了进行纯菌的指纹图谱鉴别外，ERIC-PCR 技术还可用于分析不同环境微生物群落的组成，并动态监测微生物群落随时间或环境因素的影响而变化的过程，具有快速、重复性强、灵敏度高等优点。

BOX 插入元件的大小为 154 bp，由保守性不同的 box A（57 bp）、box B（43 bp）和 boxC（50 bp）等亚单位组成。BOX-PCR 指纹图谱分析技术与 Rep-PCR 和 ERIC-PCR 技术相似，但操作更为简单快捷，只需要一条单引物就能够完成菌株的 DNA 多态性分析。

## 三、实验材料

### 1. 菌种

大肠杆菌（*Escherichia coli*），枯草芽孢杆菌（*Bacillus subtilis*），土壤中筛选分离的未知菌株。

### 2. 试剂

NaCl 1 mol/L，TE 缓冲液（10 mmol/L Tris，1 mmol/L EDTA）pH8.0，溶菌酶 10 mg/mL，RNase A 20 mg/mL，SDS 10%，蛋白酶 K 20 mg/mL，乙酸铵 3 mol/L，苯酚/氯仿（*V/V*）1∶1，无菌水，25 mmol/L $MgCl_2$ 溶液，10×扩增缓冲液（不含 $MgCl_2$ 溶液），2.5 mmol/L dNTP 混合液，Rep-PCR、ERIC-PCR 和 BOX-PCR 引物，5 U/μL *Taq* DNA 聚合酶。

### 3. 器材

PCR 仪，台式离心机，DNA 浓度测定仪，电泳仪，紫外凝胶成像系统，移液器等。

## 四、实验步骤

### （一）细菌基因组 DNA 的提取

1）挑取实验菌株的单菌落接种于 5 mL LB 液体培养基中，振荡培养过夜（培养结束后，应对实验菌株进行染色和镜检观察，通过细胞形态判断是否在培养过程中发生染菌现象）。

2）用 1.5 mL 离心管收集菌液，4℃、15 000 r/min 离心 5 min（下述步骤离心方式相同），去上清。

3）加入 1000 μL 1 mol/L NaCl，旋起菌体细胞，离心，此步重复两次，去上清。

4）加溶菌酶 20 μL（10 mg/mL）（终浓度 0.2 mg/mL）。

5）加 RNase A 15 μL（20 mg/mL）（终浓度 0.3 mg/mL）。

6）上下摇匀，37℃水浴 20 min。

7）加入 60 μL 10% SDS（终浓度 0.6%）上下摇匀，使溶液变清。

8）加入 30 μL 20 mg/mL 蛋白酶 K（终浓度 0.6 mg/mL）上下摇匀。

9）这时管中共 1225 μL 37℃水浴 1 h。取出后平均分成 4 管，分别加水至 500 μL。

10）分别用等体积苯酚抽提 2 次，苯酚/氯仿、氯仿各抽提 1 次。取上清时枪头要贴边，吸上后就提出液面，边吸边转动，切记小心，不要吸入中层的蛋白质。

11）最后吸出约 400 μL 上清液，加入 40 μL 3 mol/L 乙酸铵（终浓度 0.33 mol/L），1000 μL 无水乙醇（2.5 倍体积）上下混匀，12 000 r/min 离心 20 min，弃上清。

12）加 70%乙醇 1000 μL，混匀，室温放置一定时间，离心，弃上清。用枪移去残液，风干。

13）加 100 μL TE 或超纯水，溶解 DNA，4℃或–20℃保存。

### （二）引物的设计与合成

REP-1：5′-IIIICGICGICATCIGGC-3′。

REP-2：5′-ICGICTTATCIGGCCTAC-3′。

ERIC-1：5′-ATGTAAGCTCCTGGGGATTCAC-3′。

ERIC-2：5′-AAGTAAGTGACTGGGGTGAGCG-3′。

BOX：5′-CTACGGCAAGGCGACGCTGACG-3′。

注意：Rep 序列形成茎环结构，其茎部序列十分保守，设计引物时考虑到简并性，特殊位点的核苷酸为肌苷 I 所替代，I 能与 ATCG 配对，其参与形成的氢键弱于 A═T，但所形成的碱基对错配少。

### （三）PCR 反应体系

| | |
|---|---|
| 0.5 μmol/L 上游引物 | 1 μL |
| 0.5 μmol/L 下游引物 | 1 μL |
| 2.5 mmol/L dNTP 混合液 | 2 μL |
| 模板 DNA | 50～100 ng |
| 10×*Taq* DNA 聚合酶反应缓冲液 | 5 μL |
| *Taq* DNA 聚合酶 | 2U |
| 加水至 | 50 μL |

注意：阴性对照管中以无菌水代替模板 DNA，阳性对照管以能得到稳定 Rep-PCR 图谱的已知 DNA 作为模板（如大肠杆菌或枯草芽孢杆菌的基因组）；进行 BOX-PCR 时的引物只有一种，使用量加倍；如果实验菌株的基因组 G+C 含量高，可在反应缓冲液中加入 10%二甲亚砜（DMSO）。

（四）PCR 反应条件

95℃预变性 7 min；94℃ 变性 1 min，退火（Rep，40℃变性 1 min；ERIC，52℃变性 1 min；BOX，42℃变性 1 min），65℃延伸 8 min，共做 30 个循环；最后 65℃再延伸 15 min。

（五）琼脂糖凝胶电泳检测

制备含 0.25 μg/mL 溴化乙锭的 1%（*m*/*V*）浓度的琼脂糖凝胶，取 10 L ERIC-PCR 产物点样，100 V 电压电泳 1～1.5 h；凝胶置于紫外灯下成像，保存凝胶图谱。

注意：Rep-PCR 产物在电泳前需用 DNA 浓度仪或紫外分光光度计测量浓度，电泳时应调整点样体积以保证上样量一致。

## 五、实验结果

Rep-PCR 电泳产生的图谱具有多个条带，又称为指纹图谱，类似于商品的条形码，每个菌株都有其独特的指纹图谱带型，可以采用凝胶成像仪自带的分析软件对 PCR 电泳条带进行分析。

## 六、思考题

1. 实验过程中哪些操作细节会影响同一菌株 Rep-PCR 图谱的重复性？
2. 使用 Rep-PCR 可以将细菌鉴定到种吗？
3. 相同实验菌株的 Rep-PCR、ERIC-PCR 和 BOX-PCR 结果应如何进行解析？

## 七、参考文献

黄留玉. 2011. PCR 最新技术原理、方法及应用. 北京：化学工业出版社：221-226

覃筱婷，周俊初，李阜棣. 1997. 原核生物的基因组短重复序列. 微生物学通报，24（2）：110-112

杨凤环，李正楠，姬惜珠，等. 2008. BOX–PCR 技术在微生物多样性研究中的应用. 微生物学通报，8：1282–1286

Olson AB，Andrysiak AK，Tracz DM，et al. 2007. Limited genetic diversity in *Salmonella enterica* serovar Enteritidis PT13. BMC Microbiology，87（7）：1-10

# 附录1　常用培养基及其配制

**1. 乳糖蛋白胨培养液**

蛋白胨 10.0 g，牛肉膏 3.0 g，乳糖 5.0 g，NaCl 5.0 g，1.6%溴甲酚紫乙醇溶液 1 mL，蒸馏水 1000 mL，调 pH 至 7.2。分装于置有玻璃小倒管的试管中，每管 10 mL，115℃灭菌 20 min。

**2. 伊红亚甲蓝琼脂培养基**

半乳糖 10.0 g，胰蛋白胨 5.0 g，NaCl 5.0 g，$K_2HPO_4$ 2.0 g，伊红 Y 0.4～0.6 g，亚甲蓝 0.065～0.1 g，琼脂 18～20 g，蒸馏水 1000 mL，pH 自然或 7.2。115℃灭菌 20 min。

**3. 牛肉膏蛋白胨固体培养基**

牛肉膏 3.0 g，蛋白胨 10.0 g，NaCl 5.0 g，琼脂 20 g，自来水 1000 mL，调 pH 至 7.2～7.4，121℃灭菌 30 min。

**4. 葡萄糖蛋白胨液体培养基**

蛋白胨 5.0 g，葡萄糖 5.0 g，$K_2HPO_4$ 5.0 g，蒸馏水 1000 mL，调节 pH 至 7.0～7.2。每管 4～5 mL，115℃灭菌 20 min。

**5. 石蕊牛奶培养基**

100 g /L 脱脂牛奶 100 mL，25 g /L 石蕊水溶液 4 mL，以混合后呈丁香花紫色为适度，分装于试管中，液面高度约 4 cm，115℃灭菌 20 min。

**6. 丙二酸钠液体培养基**

酵母膏 1 g，硫酸铵 2 g，磷酸氢二钾 0.6 g，磷酸二氢钾 0.4 g，氯化钠 2 g，丙二酸钠 3 g，溴麝香草酚蓝 0.025 g，蒸馏水 1000 mL。

**7. 蛋白胨液体培养基**

蛋白胨 10 g，氯化钠 5 g，蒸馏水 1000 mL，pH7.4～7.6。装 1/4～1/3 试管高度，115℃灭菌 30 min 备用。

**8. 葡萄糖发酵培养基**

酵母膏 0.2 g，KCl 5 g，$(NH_4)_2HPO_4$ 0.2 g，$MgSO_4$ 0.2 g，葡萄糖 10 g，0.04%溴甲酚紫乙醇溶液 15 mL，蒸馏水补足 1000 mL，此时培养液呈紫色。

**9. 甘露醇发酵培养基**

酵母膏 0.2 g，KCl 5 g，$(NH_4)_2HPO_4$ 0.2 g，$MgSO_4$ 0.2 g，甘露醇 10 g，0.04%溴甲酚紫乙醇溶液 15 mL，蒸馏水补足 1000 mL，此时培养液呈紫色。

**10. 葡萄糖酸盐培养基**

蛋白胨 1.5 g，磷酸氢二钾 1 g，酵母膏 1 g，葡萄糖酸钾 40 g，或葡萄糖酸钠 37.25 g，蒸馏水 1 L。

**11. 柠檬酸盐培养基**

$NH_4H_2PO_4$ 1 g，$K_2HPO_4$ 1 g，NaCl 5 g，$MgSO_4$ 0.2 g，柠檬酸钠 2 g，琼脂 15～20 g，蒸馏水 1000 mL。

**12. 硝酸盐还原培养基**

牛肉膏 3 g，蛋白胨 6 g，$KNO_3$ 1 g，蒸馏水 1000 mL，调 pH 至 7.0～7.6。121℃灭菌 20 min。

**13. 淀粉水解培养基**

称取牛肉浸粉 3 g，蛋白胨 5 g，琼脂 15 g，加入蒸馏水 500 mL，加热溶解；称取可溶性淀粉 2 g，加入 300 mL 蒸馏水，加热溶解；将 2 种溶液混合后加入蒸馏水至总体积 1000 mL，调节 pH 至 7.0。分装至三角瓶中，121℃蒸汽灭菌 30 min，倒平板备用。

**14. YMA 固体培养基**

甘露醇 10.0 g，酵母膏 0.8 g，$K_2HPO_4$ 0.25 g，$KH_2PO_4$ 0.25 g，$MgSO_4 \cdot 7H_2O$ 0.2 g，NaCl 0.1 g，蒸馏水 1000 mL，琼脂 18 g，pH7.0～7.2。121℃灭菌 30 min。

**15. LB 液体培养基**

蛋白胨 10.0 g，酵母膏 5.0 g，NaCl 10.0 g，蒸馏水 1000 mL，pH7.0。121℃ 灭菌 30 min。

# 附录2　常用试剂及其配制

**1. 1%盐酸四甲基苯二胺水溶液或1%盐酸对氨基二甲基苯胺水溶液**

1 g 盐酸四甲基苯二胺溶于 100 mL 去离子水中，盛于棕色瓶中，置冰箱中可保存 1 周，若冰冻保存可用 4～6 周（如颜色转红褐色，则不宜使用）。

**2. 1% α-萘酚乙醇溶液**

1 g α-萘酚溶于 95%乙醇中，盛于棕色瓶中，置冰箱中可保存 1 周。

**3. 甲基红指示剂**

0.1 g 甲基红溶于 300 mL 95%乙醇中，再加入蒸馏水 200 mL。

**4. 5% α-萘酚乙醇溶液**

α-萘酚 5.0 g，无水乙醇 100 mL，装于棕色瓶中，4℃保存。

**5. 柯氏（Kovacs）试剂**

对二甲基氨基苯甲醛 3 g，戊醇（或丁醇）75 mL，浓盐酸 25 mL。

**6. 费林试剂**

A 液：34.64 g 结晶硫酸铜，加蒸馏水至 500 mL。

B 液：173 g 酒石酸钾钠，125 g KOH，加蒸馏水至 500 mL。

注意：A 液和 B 液需实验前现配现用，等量混合。

**7. 格里斯试剂**

A 液：0.5 g 对氨基苯磺酸溶于 150 mL 10%乙酸溶液，保存于棕色瓶中。

B 液：α-萘胺（α-naphthylamine）0.1 g，蒸馏水 20 mL，10%稀乙酸 150 mL，混匀后保存于棕色瓶内。

注意：使用前将 A 液与 B 液等量混合后即成格里斯试剂。

**8. 二苯胺试剂**

称取 0.1 g 二苯胺（diphenylamine）溶于 20 mL 蒸馏水中，然后缓缓加入 100 mL 浓硫酸，保存于棕色瓶中。

**9. 卢哥氏碘液**

在 10 mL 蒸馏水中加入 2.0 g 碘化钾，溶解后再加入 1.0 g 碘，待碘完全溶解后，加水至 300 mL 即可。

# 附录3　与细菌分类鉴定相关的主要参考书


程丽娟，薛泉宏. 2012. 微生物学实验技术. 2 版. 北京：科学出版社

东秀珠，蔡妙英. 2001. 常见细菌系统鉴定手册. 北京：科学出版社

杜连祥，路福平. 2008. 微生物学实验技术. 北京：中国轻工业出版社

哈雷 JP. 2012. 图解微生物实验指南. 谢建平译. 北京：科学出版社

宋渊. 2012. 微生物学实验教程. 北京：中国农业大学出版社

咸洪泉，郭立忠. 2010. 微生物实验教程. 北京：高等教育出版社

徐威. 2004. 微生物学实验. 北京：中国医药科技出版社

闫淑珍，陈双林. 2012. 微生物学拓展性实验的技术与方法. 北京：高等教育出版社

杨文博. 2004. 微生物学实验. 北京：化学工业出版社

张尔亮，李维，王汉臣. 2012. 微生物学实验教程. 重庆：西南师范大学出版社

周德庆. 2009. 微生物学实验教程. 2 版. 北京：高等教育出版社

朱旭芬. 2011. 现代微生物学实验技术. 杭州：浙江大学出版社

Goodfellow M，Kampfer P，Busse HJ，et al. 2001. Bergey's Manual of Systematic Bacteriology. Vol 1.2nd Ed. New York:Springer

Goodfellow M，Kampfer P，Busse HJ，et al. 2005. Bergey's Manual of Systematic Bacteriology. Vol 2.2nd Ed. New York:Springer

Goodfellow M，Kampfer P，Busse HJ，et al. 2012. Bergey's Manual of Systematic Bacteriology. Vol 5.2nd Ed. New York:Springer

Michael MT. 2010. Brock Biology of Microorganisms. San Antonio：Pearson Education：134-138

Prescott LM，Harley JP，Klein DA. 2003. 微生物学. 5 版. 沈萍，彭珍荣译. 北京：高等教育出版社

# 附录4 国内主要菌种保藏和鉴定机构简介

**1. 中国普通微生物菌种保藏管理中心（CGMCC）**

中国普通微生物菌种保藏管理中心（China General Microbiological Culture Collection Center，CGMCC）成立于1979年，隶属于中国科学院微生物研究所，是我国最主要的微生物资源保藏和共享利用机构。CGMCC的工作主要包括：广泛分离、收集、保藏、交换和供应各类微生物菌种；保存用于专利程序的各种可培养生物材料；微生物菌种保藏技术研究；微生物分离、培养技术研究；微生物鉴定和复核技术研究；保藏菌种的资料情报收集和提供及编辑微生物菌种目录。CGMCC目前保存各类微生物资源超过5000种，46 000余株，用于专利程序的生物材料7100余株，微生物元基因文库约75万个克隆。

地址：北京市朝阳区北辰西路1号院3号，中国科学院微生物研究所，邮编：100101，电话：010-64807596。

**2. 中国农业微生物菌种保藏管理中心（ACCC）**

中国农业微生物菌种保藏管理中心（Agricultural Culture Collection of China，ACCC），成立于1979年，隶属于中国农业科学院农业资源与农业区划研究所。ACCC负责全国农业微生物菌种资源的收集、鉴定、评价、保藏、供应及国际交流任务。中国农业微生物菌种保藏管理中心的研究方向涉及3个层面：农业微生物资源的收集、整理、鉴定与保藏；农业微生物资源功能、挖掘与评价；农业微生物资源可持续及高效利用技术研究。采用超低温冻结法、冷冻干燥法、矿物油保藏法和斜面转接法等保藏微生物菌株，目前库藏资源共计603属，2199种，11 970株菌种，约30万份。

地址：北京市海淀区中关村南大街12号，邮编：100081，电话：010-82108651。

**3. 中国兽医微生物菌种保藏管理中心（CVCC）**

中国兽医微生物菌种保藏管理中心（Center of Veterinary Cultures Collection，CVCC）成立于1979年，隶属于中国兽医药品监察所，专门从事兽医微生物菌种（包括细菌、病毒、原虫和细胞系）的收集、保藏、管理、交流和供应。同时，在中国农业科学院哈尔滨、兰州兽医研究所和上海家畜寄生虫病研究所建立中心的分管单位，负责专门菌种的保藏、管理。中国兽医微生物菌种保藏管理中心的工作主要包括：收集、保藏、鉴定、供应和交换各类兽医微生物菌种和传代细胞系，收集保藏的菌种达230余种（群）、3000余株；微生物菌种保藏技术和鉴定方法的研究；编辑兽医微生物菌种目录。

地址：北京市中关村南大街8号，邮编：100081，电话：010-62103662。

**4. 中国工业微生物菌种保藏中心（CICC）**

中国工业微生物菌种保藏中心（China Center of Industrial Culture Collection，CICC），隶属于中国食品发酵工业研究院，是专业从事工业微生物菌种资源保藏管理的公益基础性资源保藏机构，负责全国工业生产与研究应用微生物菌种资源的收集、整理、鉴定、保藏、供应与国际交流。CICC保藏的菌种资源基本覆盖了食品工业、发酵工业、轻化工、生物转化及石油、环保等工业领域，具有一定应用价值和科学意义。CICC目前保藏国内外各类工业微生物菌种10 153株，30余万备份，其中细菌4445株，酵母菌3222株，霉菌2220株，大型真菌266株。共计212个属，839个种。

地址：北京市朝阳区酒仙桥中路24号院6号楼，邮编：100015，电话：010-53218300。

**5. 中国医学细菌保藏中心（CMCC）**

中国医学细菌保藏中心（National Center for Medical Culture Collection，CMCC）隶属于中国药品生物制定鉴定所，成立于1979年，中心设有钩端螺旋体菌苗室、霍乱弧菌诊断室、脑膜炎球菌菌种室、沙门氏菌诊断室、大肠埃希氏菌诊断室、布氏菌菌苗室和结核分枝杆菌7个专业实验室。CMCC主要承担依法实施药品审批和质量监督检查所需的检验和复验工作；负责标定和管理国家药品标准品和对照品；负责组织药品、医疗器械的质量抽查检验工作并提供质量公告的技术数据；承担药品、生物制品、医疗器械注册检验，以及受国家食品药品监督管理局的委托承担生物制品批签发的具体业务工作；承担国家委托的检定、生产用菌种、细胞株和医用标准菌种的收集、鉴定、保存、管理和分发的工作等15项职能。

地址：北京市崇文区天坛西里2号，邮编：100050，电话：010-67095325。

**6. 中国药用微生物菌种保藏管理中心（CPCC）**

中国药用微生物菌种保藏管理中心（China Pharmaceutical Culture Collection，CPCC）始建于1958年，是国家微生物资源平台的重要组成部分，是国家级药用微生物菌种保藏管理专门机构，承担着药用微生物菌种的收集、鉴定、评价、保藏、供应与国际交流等任务。该中心所保藏的各类微生物菌种数已有38 000余株，资料来源丰富多样，收藏菌种以放线菌为特色，具有抗病毒、抗真菌、抗耐药菌、抗结核、抗肿瘤和酶抑制剂等多种生物活性。菌种主要包括以下4类：已知微生物药物产生菌、历年筛选过程中获得的各类生物活性物质产生菌、生物活性检定菌株和模式菌株、新药筛选菌株。CPCC可提供细菌/放线菌菌种属和种水平的分类鉴定服务及Biolog、呼吸醌分析和脂肪酸分析等单项菌种鉴定服务。同时CPCC还可提供抗生素敏感实验和微生物鉴定服务。

地址：北京市崇文区天坛西里1号，中国医学科学院医药生物技术研究所，邮编：100050，电话：010-63187118。

**7. 中国典型培养物保藏中心（CCTCC）**

中国典型培养物保藏中心（China Center for Type Culture Collection，CCTCC）是于 1985 年建立的专利微生物保藏机构，受理国内外用于专利程序的微生物保藏，CCTCC 隶属于武汉大学。CCTCC 保藏的微生物包括细菌、放线菌、酵母菌、真菌、单细胞藻类、人和动物细胞系、转基因细胞、杂交瘤、原生动物、地衣、植物组织培养、植物种子、动植物病毒、噬菌体、质粒和基因文库等各类微生物。迄今，CCTCC 保藏有来自 22 个国家或地区的各类培养物 19 000 多株；其中专利培养物 3800 多株，非专利培养物 15 000 多株；微生物模式菌株（type strain）1000 多株，动物细胞系 1000 多株，动植物病毒 300 多株。其保藏范围包括细菌、放线菌、真菌、单细胞藻类、动植物病毒、噬菌体、人和动物细胞系、转基因修饰细胞系、杂交瘤、植物组织培养、植物种子、克隆载体、基因片段和基因文库等生物材料。

地址：湖北省武汉市武昌珞珈山武汉大学，邮编：430072，电话：027-68752319。

**8. 中国林业微生物菌种保藏管理中心（CFCC）**

中国林业微生物菌种保藏管理中心（China Forestry Culture Collection Center，CFCC），于 1985 年正式成立，挂靠于中国林业科学研究院森林生态环境与保护研究所，中心保藏有各类林业微生物菌株 16 200 余株，包括苏云金杆菌模式菌株等细菌、食用菌等大型真菌、林木病原菌、菌根菌、病虫生防菌、木腐菌、病毒和植原体类等，分属于 392 个属 954 个种（亚种或变种）。该中心负责全国林业微生物菌种资源的收集、保藏、管理、供应和交流。

地址：北京市海淀区东小府 2 号，邮编：100091，电话：010-62888835。

**9. 中国海洋微生物菌种保藏管理中心**

中国海洋微生物菌种保藏管理中心（Marine Culture Collection of China，MCCC）隶属于国家海洋局第三海洋研究所，是专业从事海洋微生物菌种资源保藏管理的公益基础性资源保藏机构，负责全国海洋微生物菌种资源的收集、整理、鉴定、保藏、供应与国际交流。海洋微生物在新型活性物质筛选、工业用极端酶与生物催化剂开发及污染物生物治理等各方面有重要的应用前景。该中心拥有各类海洋微生物菌种 10 000 多株，菌种资源多样性高、新资源丰富，其中海洋细菌 349 个属 1052 个种，海洋真菌 92 个属 201 个种。

地址：福建省厦门市大学路 178 号，邮编：361005，电话：0592-2195177。

# 附录5　伯杰氏系统细菌学手册介绍

伯杰氏鉴定细菌手册（*Bergey's Manual of Determinative Bacteriology*）由美国细菌学会于1923年出第一版，直至1974年出第八版，每个版本都反映了当时细菌学发展的新成就。之后由于细胞学、遗传学和分子生物学的发展和渗透，极大促进了细菌分类学的发展，使分类系统与真正反映亲缘关系的自然体系日趋接近。1984年，伯杰氏手册托拉斯出版了现在的伯杰氏系统细菌学手册（*Bergey's Manual of Systematic Bacteriology*），书名变了，内容更丰富，该书的第一版共分4卷，于1984年开始陆续出版，2001～2012年陆续出版了第二版，共分5卷，在该书中，原核生物的高级分类单元有很大变化，分类系统包括细菌和古菌两个域。另外，在各级分类单元中全面应用核酸研究，在表型特征的基础上，以DNA资料给予决定性的判断，使人为的分类体系过渡到自然体系的理想进一步付诸实现。该书的第一卷于2001年出版，包括序文、古菌、光营养细菌和一些深分支细菌（指的是在进化树上分支过深）；第二卷于2005年出版，包括变形菌；第三卷出版于2009年，包括厚壁菌；第四卷于2010年出版，内容为其他细菌（拟杆菌、螺旋体、无壁菌/柔膜菌、酸杆菌、纤维杆菌、梭杆菌、网团菌、芽单胞菌、黏胶球形菌、疣微菌、衣原体、浮霉菌）；第五卷于2012年出版，包括放线菌。该书是一本有代表性的、参考价值极高的、比较全面系统的细菌和古菌分类手册。

# 附录6 伯杰氏系统细菌学手册分类系统
# （目以上分类单元）

Domain Archaea
Phylum Ⅰ. Crenarchaeota
Class Ⅰ. Thermoprotei
Order Ⅰ. Thermoprotreales
Order Ⅱ. Caldisphaerales
Order Ⅲ. Desulfurococcales
Order Ⅳ. Sulfolobales
Phylum Ⅱ. Euryarchaeota
Class Ⅰ. Methanobacteria
Order Ⅰ. Methanobacteriales
Class Ⅱ. Methanococci
Order Ⅰ. Methanococcales
Class Ⅲ. Methanomicrobia
Order Ⅰ. Methanococcales
Class Ⅳ. Halobacteria
Order Ⅰ. Halobacteriales
Class Ⅴ. Thermoplasmata
Order Ⅰ. Thermoplasmatales
Class Ⅵ. Thermococci
Order Ⅰ. Thermococcales
Class Ⅶ. Archaeoglobi
Order Ⅰ. Archaeoglobales
Class Ⅷ. Methanopyri
Order Ⅰ. Methanopyrales
Domain Bacteria
Phylum Ⅰ. Aquificae
Class Ⅰ. Aquificae
Order Ⅰ. Aquificales
Phylum Ⅱ. Thermotogae
Order Ⅰ. Thermotogales
Phylum Ⅲ. Thermiodesulfobacteria
Class Ⅰ. Thermodesulfobacteria
Order Ⅰ. Thermodesulfobacteriales
Phylum Ⅳ. Deinococcus-Thermus
Class Ⅰ. Deinococci
Order Ⅰ. Deinococcales
Order Ⅱ. Thermales
Phylum Ⅴ. Chrysiogenetes
Class Ⅰ. Chrysiogenetes
Order Ⅰ. Chrysiogenales
Phylum Ⅵ. Chloroflexales
Class Ⅰ. Chloroflexi
Order Ⅰ. Chloroflexes
Order Ⅱ. Herpetosiphonales
Class Ⅱ. Anaerolineae
Order Ⅰ. Anaerolineales
Phylum Ⅶ. Thermomicrobia
Class Ⅰ. Thermomicrobia
Order Ⅰ. Thermomicrobiales
Phylum Ⅷ. Nitrospirae
Class Ⅰ. Nitrospira
Order Ⅰ. Nitrospirales
Phylum Ⅸ. Deferribacteres
Class Ⅰ. Deferribacteres
Order Ⅰ. Deferribatcerles
Phylum Ⅹ. Cyanobacteria
Class Ⅰ. Cyanobacteria
Phylum Ⅺ. Chlorobi
Class Ⅰ. Chlorobia
Order Ⅰ. Chlorobiales
Phylum Ⅻ. Proteobacteria
Class Ⅰ. Alphaproteobacteria

Order Ⅰ. Rhodospirillales
Order Ⅱ. Rickettsiales
Order Ⅲ. Rhodobacterales
Order Ⅳ. Sphingomonadales
Order Ⅴ. Caulobacterales
Order Ⅵ. Rhizobiales
Order Ⅶ. Parvularculales
Class Ⅱ. Betaproteobacteria
Order Ⅰ. Burkholderiales
Order Ⅱ. Hydrogenophilales
Order Ⅲ. Methylophilales
Order Ⅳ. Neisseriales
Order Ⅴ. Nitrosomonadales
Order Ⅵ. Rhodocyclales
Order Ⅶ. Procabacteriales
Class Ⅲ. Gammaproteobacteria
Order Ⅰ. Chromatiales
Order Ⅱ. Acidithiobacillales
Order Ⅲ. Xanthomonadales
Order Ⅳ. Cardiobacteriales
Order Ⅴ. Thiotrichales
Order Ⅵ. Legionellales
Order Ⅶ. Methylococcales
Order Ⅷ. Oceanospirillales
Order Ⅸ. Pseudomonadales
Order Ⅹ. Alteromonadales
Order Ⅺ. Vibrionales
Order Ⅻ. Aeromonadales
Order XIII. Enterobacteriales
Order XIV. Pasteurellales
Class Ⅳ. Deltaproteobacteria
Order Ⅰ. Desulfurellales
Order Ⅱ. Desulfovibrionales
Order Ⅲ. Desulfobacterales
Order Ⅳ. Desulfarcales
Order Ⅹ. Desulfuromonales
Order Ⅺ. Syntrophobacterales
Order Ⅻ. Bdellovibrionales
Order XIII. Myxococcales
Class Ⅴ. Epsilonproteobacteria
Order Ⅰ. Campylobacterales
Phylum XIII. Firmicutes
Class Ⅰ. Bacilli
Order Ⅰ. Bacillales
Order Ⅱ. Lactobacillales
Class Ⅱ. Clostriduales
Order Ⅰ. Halanaerobiales
Order Ⅱ. Thermoanaerobacterales
Class Ⅲ. Erysipelotrichi
Order Ⅰ. Erysipelotrichales
Phylum XIV. Actinobacteria
Class Ⅰ. Actinobacteria
Order Ⅰ. Actinobacterial
Order Ⅱ. Bifidobacteriales
Order Ⅲ. Catenulisporales
Order Ⅳ. Corynebacteriales
Order Ⅴ. Frankiales
Order Ⅵ. Glycomycetales
Order Ⅶ. Jiangellales
Order Ⅷ. Kineosporiales
Order Ⅸ. Micrococcales
Order Ⅹ. Micromonosporales
Order Ⅺ. Propionibacteriales
Order Ⅻ. Pseudonocardiales
Order XIII. Streptomycetales
Order XIV. Streptosporangiales
Class Ⅱ. Acidimicrobia
Order Ⅰ. Acidimicrobiales
Class Ⅲ. Coriobacteria
Order Ⅰ. Coriobacteriales
Class Ⅳ. Rubrobacteria
Order Ⅰ. Rubrobacterales

Class Ⅴ. Thermoleophilia
Order Ⅰ. Thermoleophilales
Order Ⅱ. Solirubrobacterales
Phylum ⅩⅥ. Planctomycetes
Class Ⅰ. Planctomycetacia
Order Ⅰ. Planctomycetales
Order Ⅱ. Brocadiales
Phylum ⅩⅥ. Chlamydiae
Class Ⅰ. Chlamydiae
Order Ⅰ. Chlamydiales
Phylum ⅩⅦ. Spirochaetes
Class Ⅰ. Spirochaetes
Order Ⅰ. Spirochaetales
Phylum ⅩⅧ. Tenericutes
Class Ⅰ. Mollicutes
Order Ⅰ. Mycoplasmatales
Order Ⅱ. Entomoplasmatales
Order Ⅲ. Acholeplasmatales
Order Ⅳ. Anaeroplasmatales
Phylum ⅪⅩ. Fibrobacteres
Class Ⅰ. Fibrobacteres
Order Ⅰ. Fibrobacterales
Phylum ⅩⅩ. Acidobacteria
Class Ⅰ. Acidobacteria
Order Ⅰ. Acidobacteriales
Class Ⅱ. Holophagae
Order Ⅰ. Holophagales
Order Ⅱ. Acanthopleuribacterales
Phylum ⅩⅪ. Bacteroidetes
Class Ⅰ. Bacteroidia
Order Ⅰ. Bacteroidales
Class Ⅱ. Flavobacteria
Order Ⅰ. Flavobacteriales
Class Ⅲ. Sphingobacteria
Order Ⅰ. Sphingobacteriales
Class Ⅳ. Cytophagia
Order Ⅰ. Cytophagales
Phylum ⅩⅫ. Verrucomicrobia
Class Ⅰ. Verrucomicrobiae
Order Ⅰ. Verrucomicrobiales
Class Ⅱ. Opitutae
Order Ⅰ. Opitutales
Order Ⅱ. Puniceicoccales
Class Ⅲ. Spartobacteria
Order Ⅰ. Chthoniobacterales

# 图　　版

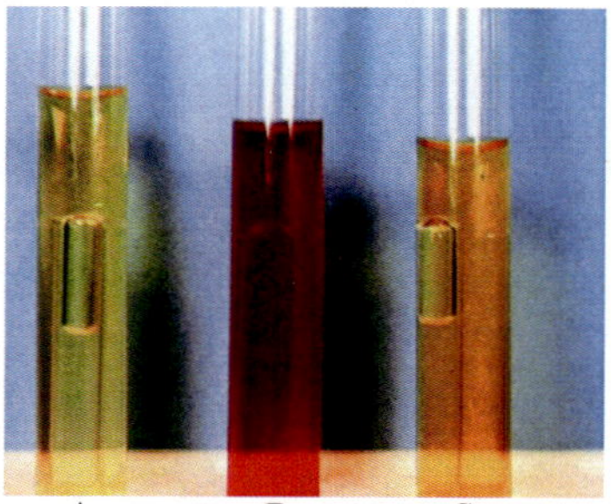


图 1-1　发酵反应

A 管中显示产酸（黄色）产气（阳性）；B 管中不产酸不产气（阴性）；C 管中生成的酸少于 A 管（阳性）

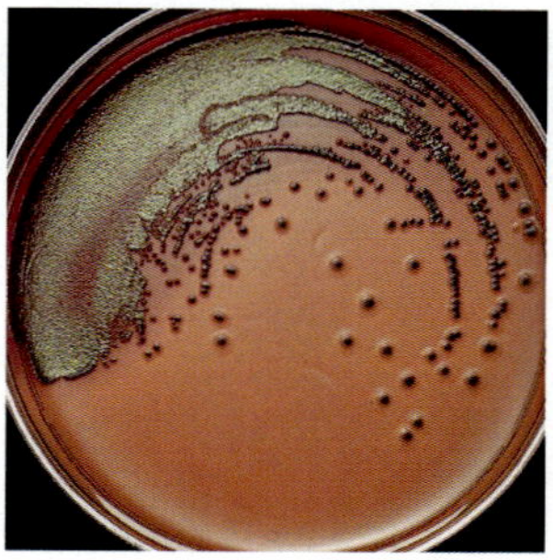

图 1-3　大肠杆菌在伊红亚甲蓝琼脂培养基上的形态特征

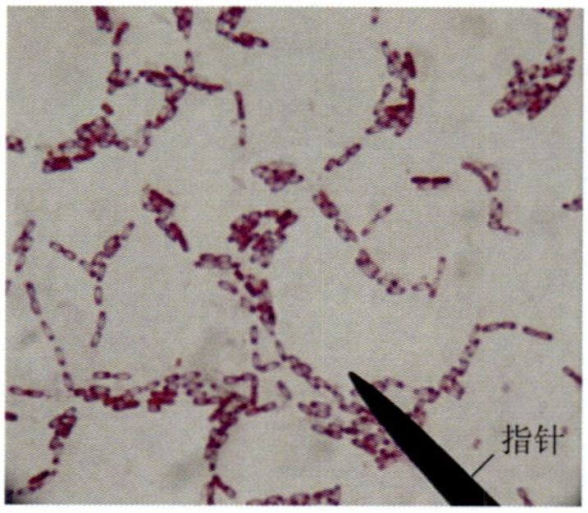


图 2-1　芽孢杆菌简单染色图

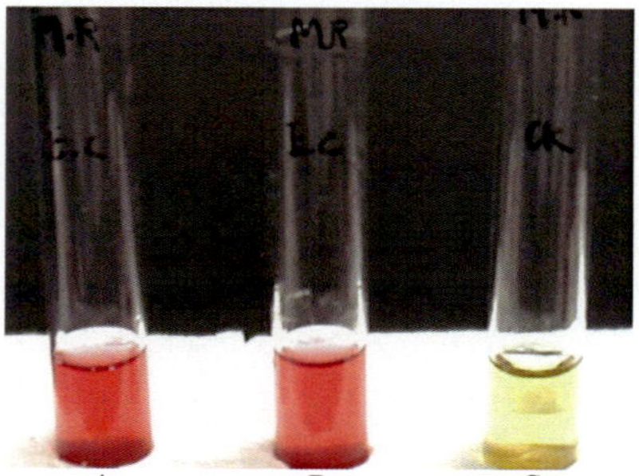


图 5-1　M.R. 实验反应

A，B. M. R. +；C. 对照−

图 5-2　V. P. 实验反应

A. 对照−；B，C. V. P. +

图 6-1　石蕊牛奶实验图示

A. 对照−；B，C. 还原+，产酸+，酸凝固+，胨化+

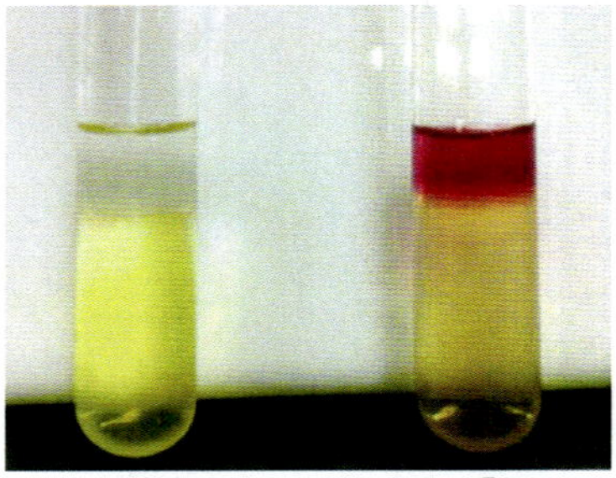

A　　　　B

图 8-1　细菌吲哚产生实验

A. 阴性；B. 阳性

A　　　　B

图 12-1　格里斯试剂反应

A. 阳性反应；B. 阴性反应

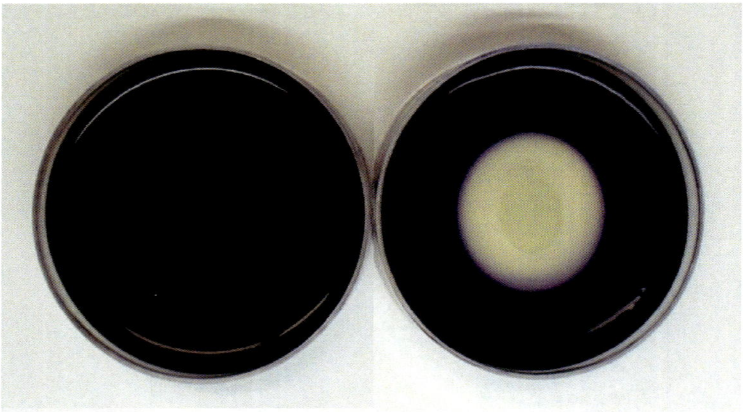

A　　　　B

图 13-1　淀粉水解圈

A. 阴性−；B. 阳性+

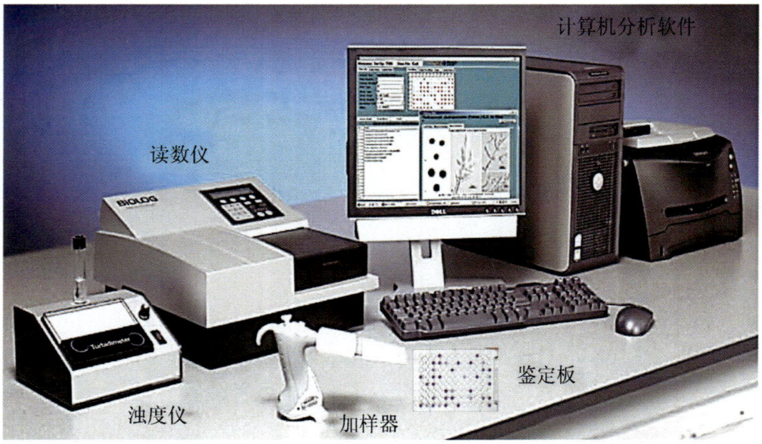


图 18-1　Biolog 微生物鉴定系统

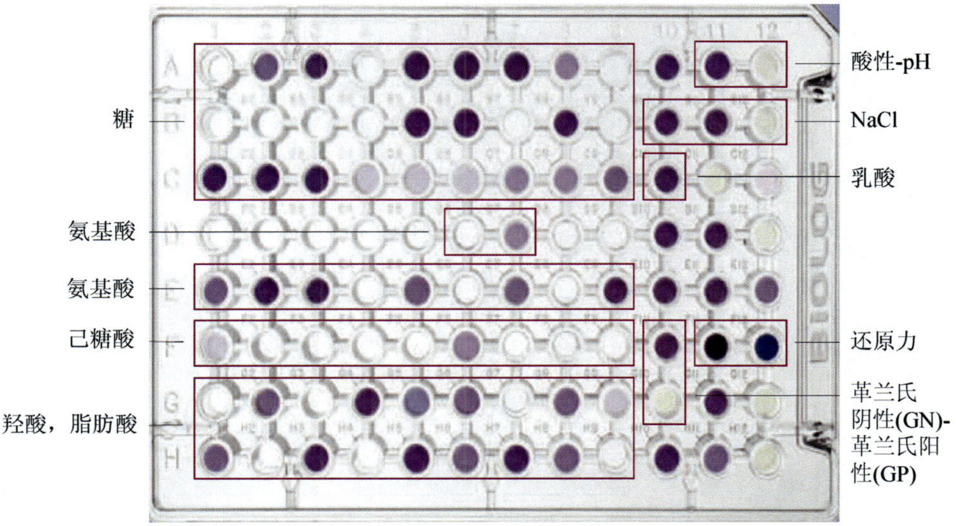


图 18-2　GEN Ⅲ 微孔鉴定板

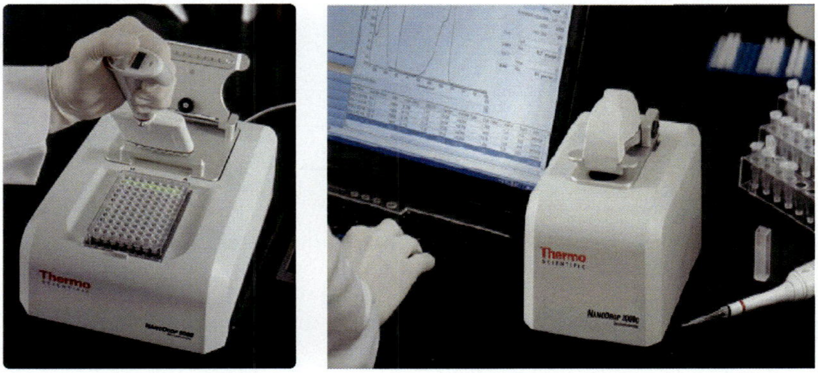


图 20-1　NanoDrop ND-1000 微量核酸蛋白质检测仪

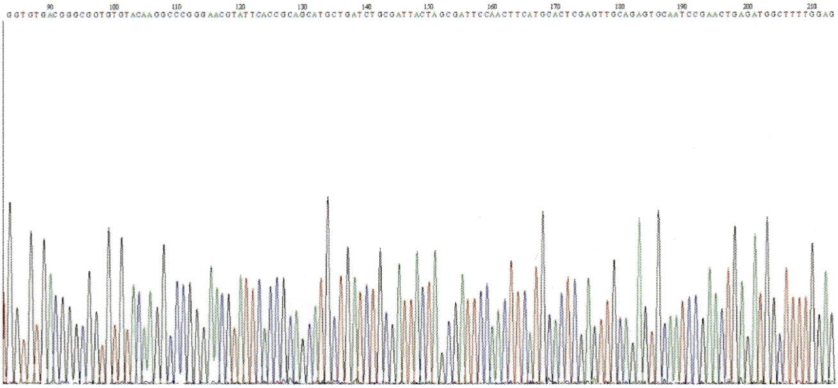

图 20-2　ab1 格式的测序信号峰图

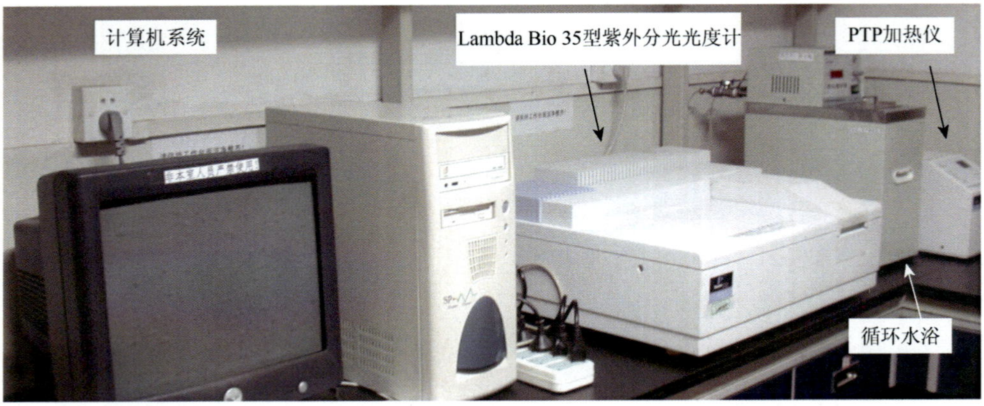


图 23-1　液相杂交仪器（Lambda Bio 35 型紫外分光光度计等）

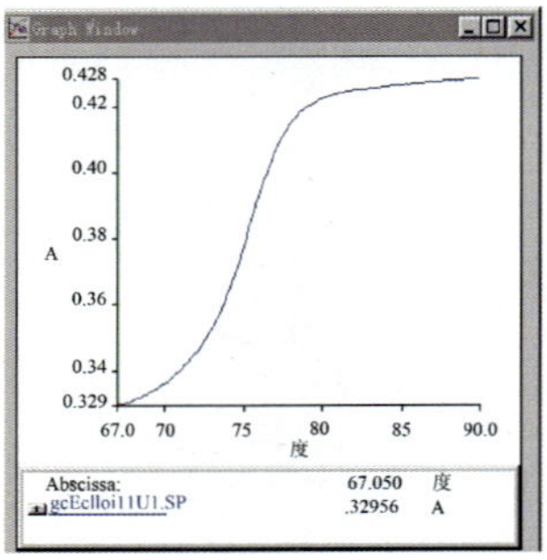


图 23-2　DNA G+C mol%测定吸光度值/温度关系曲线

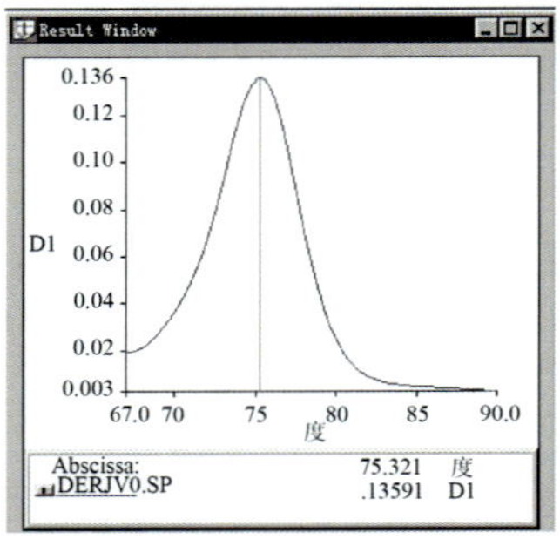


图 23-3　DNA G+C mol%测定 $T_m$ 值

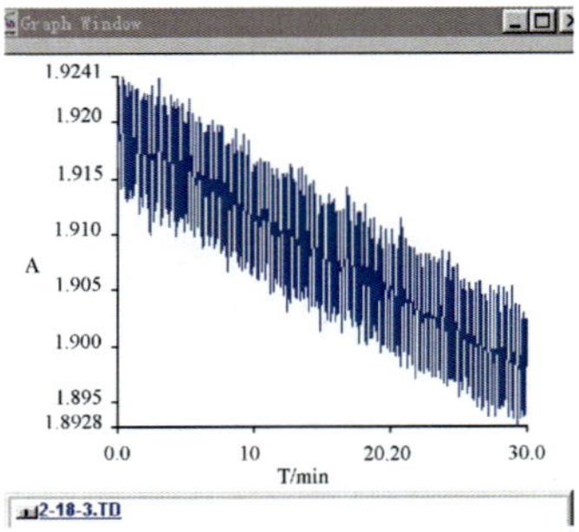


图 24-1　DNA 复性过程中吸光度值与时间关系图

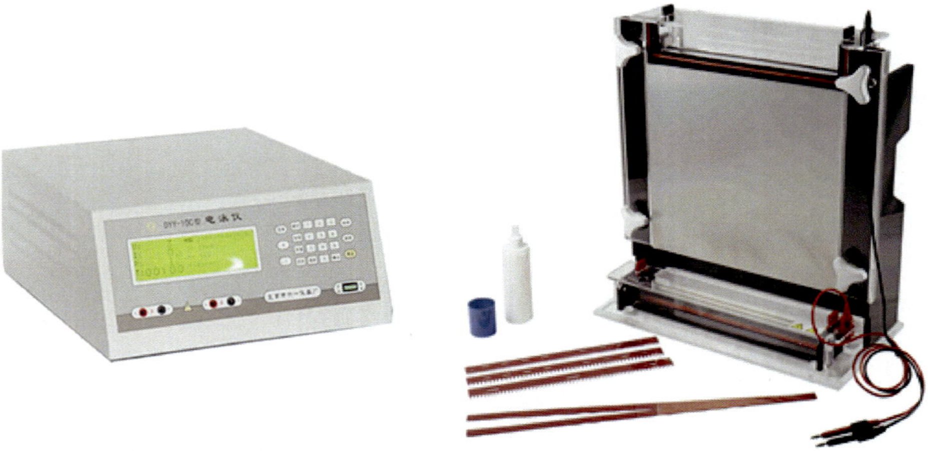

A　　B

图 26-1　电泳仪(DYY-10C 型)(A)和测序电泳槽（JY-CX3B 型）(B)